海に生きた百姓たち

海村の江戸時代

渡辺尚志

草思社

海に生きた百姓たち

海村の江戸時代

渡辺尚志

草思社

装画　木村喜繁「天保三年　伊豆紀行」画帳のうち
「四　同　漁猟場ノ景」（静岡県立中央博物館蔵）

はじめに

本書の目指すもの

本書の主人公は、江戸時代から明治時代の海に生きた百姓たち、すなわち漁業を生業とする漁師たちである。このように書くと、本書を手に取った皆さんのなかには、「百姓とは農民のことだろう。なぜ、百姓が海に生きるのか」と疑問に思う方もおられるだろう。確かに、百姓と農民は重なる部分が多い。しかし、両者は同義ではない。海辺に住み、漁業を主要な生業にしていた人たちも、身分的には百姓だったのだ。百姓とは、特定の職業従事者を表す言葉ではなく、江戸時代の社会における身分を示す呼称だった。海に生きた百姓たちも、全国の海辺にたくさんいたのである。

ただ、現在でも、百姓＝農民、百姓たちの暮らす村＝農村、というイメージは強い。そこで、本書では、海に生きた百姓たちの姿を具体的に描くことによって、百姓の別の顔を読者の皆さんにお伝えしたいと思う。

私は、これまで四〇年以上、江戸時代の村と百姓の歴史について研究してきた。その背景には、百姓こそが江戸時代の主人公だという思いがあった。今日、マスメディアで江戸時代について語られるとき、そこに登場するのは著名な武士か、あるいは華やかな暮らしを享受していた町人たちがほとんどである。百姓たちは、江戸時代史の裏方に追いやられている。

しかし、私は、百姓こそが江戸時代の主人公だと考えている。江戸時代の人口の約八割は百姓であり、彼ら・彼女らの動向が歴史を動かす深部の力だったのだ。江戸時代は、今日のような民主主義社会ではなかったが、それでも一人一人の民衆の営み・志向・行動が集まって大きな流れになり世論となって、政治・経済・社会のあり方と変化の方向を規定していたことには変わりなかった。そうした百姓たちのありようにフォーカスすることなしに、江戸時代の実像を把握することはできない。

私はそうした思いから、これまで、江戸時代の村と百姓についての概説書を書くとともに、時期を幕末維新期に絞ったり、水や森林などの資源問題に焦点を合わせたり、一つの村を取り上げて深く掘り下げたりと、さまざまな角度から何冊かの本を書いてきた。

しかし、振り返ると、これまでの私の研究対象は、農村に暮らす百姓に偏っていたと言わざるを得ない。冒頭に述べたように、「百姓＝農民ではない」ということは頭ではわかっていたが、実際の研究には必ずしも活かしてこなかったのである。そうした反省のうえに、本書は書かれた。本書を書くことで、私自身の百姓のイメージをより豊かにするとともに、それを読者の皆さんにお伝えしたいと思う。

海に生きる百姓たちの姿をリアルに示すことによって、江戸時代の主人公だった百姓たちの、農業だけではない多様な生き方を知っていただきたいというのが本書執筆の意図である。そこから、農村と農業だけをみていてはわからない、海を生業の場としてきた漁師たちの固有の暮らしを発見できるだろう。

海に生きる百姓たちの主要な生業は漁業である。ほかに、海運業や塩業などを主要な生業にする人たちもいたが、本書では漁業を主に取り上げる。漁業は、自然にはたらきかけて、そこから収穫を得るという点では農業や林業と共通しているが、植物ではなく魚類を対象とする点が大きく異なる。そのため、自然界への依存度がより大きいといえる。

農業であれば、種をまけば作物は育つ。林業であれば、苗を植えれば木は育つ。百姓は、それらをいかに立派に育てるかに心を砕く。努力次第で、ある程度収穫が予測できるのである。しかし、漁業はそうはいかない。今日でも、サンマやイワシなどが突然豊漁になったり不漁になったりすることがあるように、魚の生息数の変動は予測できない部分が多い。

まして、江戸時代には養殖漁業は未発達だったし、漁船も手漕ぎだったので、魚群を追って遠洋に乗り出すこともできなかった。そのため、漁師たちは自然界で育った魚が来遊して来るところを沿岸で捕獲することになった。どれくらいの魚が獲れるかは予測困難であり、それだけ農・

林業に比べて自然への依存度が高かったのである。その点、漁業はむしろ狩猟に近いところがある。

漁獲量が予測困難だという不安定な状況下でも、沿岸各地の漁師たちは知恵を絞り、努力を重ねて自然界と向き合ってきた。地域ごと、村ごとにもっとも有効な漁法を工夫し、それを実行するために固有の人間関係・社会組織をつくり出してきた。そうした営みの軌跡からは、自然環境に順応した生き方が見出せるだろう。

微細なプラスティックごみによる海洋汚染や、地球温暖化によるサンゴの大量死滅など、海と人の未来に不安を感じることの多い今日だからこそ、自然を支配・破壊するのではなく、自然と共存しつつ、そこから恵みを受けることを目指した漁師たちの営為に注目する意義は大きいのではないだろうか。迂遠(うえん)なようでも、私たちが歴史から学ぶことは多いはずである。

本書の構成

ここで、本書の構成を示しておこう。

序では、海辺の村に限らず、江戸時代の村を理解するための基礎的知識について述べる。

第一部からが本論である。第一部では、北は東北から南は九州まで全国各地の水辺の村を取り上げて、そこに暮らす人びとの営みについて述べる。海だけでなく、川や湖での漁業や水生植物の採取にも目配りする。サケが生まれた川に戻って産卵する習性をもつことを理解して、半人工的な産卵・孵化施設を設けた江戸時代人の知恵、自然資源の保護と漁師の生活保障のバランスのとり方をめぐる葛藤、海岸の埋立てをめぐる農業・漁業・塩業の微妙な関係、幕府の外国貿易が漁業に与えた影響、漁業が図らずも湖の生態系維持に果たした役割など、さまざまな角度から江戸時代の漁業の特徴的なありようを示す。たとえば、幕府の外国貿易が漁業に与えた影響という点でいえば、幕府は海外への輸出品として干しアワビを重視していた。そこで、アワビの増産のために、アワビが豊富な隠岐の漁場に、アワビ獲りの専門家である海士を派遣したが、それが原因で起こった地元の漁師たちとの軋轢を具体的に描き出す。

第二部（第一章〜終章）は、伊豆半島西岸の半島の付け根部分に位置する、内浦・静浦・西浦と呼ばれる地域（現静岡県沼津市）に含まれる村々に焦点を合わせて、そこでの漁業と漁師のすがたを詳しく述べていく。当地域を取り上げるのは、戦国時代以降の古文書が豊富に残っていることに加えて、当地域がマグロ・カツオなどの好漁場であったため、個性豊かな漁法と漁業組織が発達していたことによる。当地域の漁師たちの生き方に深く分け入っていきたい。

当地域に伝えられた質量ともに充実した古文書は、専門の歴史研究者ではなく、日本を代表する実業家が偶然のきっかけで見出したものだった。第一章では、当地域の古文書がいかにして世に知られるようになったのか、その経緯を述べる。また、当地域の漁業を主導した網元（当地域では津元という）自身による語りや、当地域を訪れて漁業のさまを実見した幕府役人の記録を紹介する。そこからは、漁船に曳き揚げられたマグロが尾ひれで船板を叩く機関銃のような音や、肥料用に桶に溜めた魚の内臓が発する鼻の曲がるような強烈なにおいなどが五感に迫ってくる。漁のようすを目の当たりにした者ならではのリアルな語りからは、江戸時代の漁師たちや海村のすがたが目に浮かぶようである。

第二章では、当地域の漁業のあり方を、網(あみ)漁の方法や漁業収益の分配方法、漁業税の仕組み、魚が商人に買い取られ、消費地まで送られる際の海陸両方の多様なルートの存在などから具体的に明らかにしていく。

同じ第一次産業でも、漁業は農業とは大きく異なる。田畑が個々の百姓家の所持地に区分されているようには、海面は個々の漁師に分割されていない。村の領海の境界や、村にいくつかある漁場の境界などは決まっていたが、それとてもそこを一人の漁師が独占的に利用するわけではなかった。漁を行なう季節、狙う魚の種類、漁の方法（網漁か釣(つり)漁か）などの違いに応じて、複数の漁師たちがルールを定めてそれぞれ棲み分けながら、同じ漁場を異なる仕方でともに利用していたのである。

さらに、家族経営が基本の農業とは異なり、大がかりな漁業になると複数の漁師がチームを組んで行なった。その場合、チーム内での漁獲物の分配方法には厳密な決まりがあった。村に数人いる津元（網元）が漁獲物を多く取り、一般漁民（当地域では網子(あんご)という）の取り分は少なかったため、ときに網子の不満が表面化して村内で争いが起こった。本章以降では、こうした海に生きる百姓たちの独特のルールと、それが原因で生じる軋轢の実態を知っていただきたい。

海村にも固有の歴史があり、村は時の流れとともに変化していく。第三章以降では、そうした変化の過程を、時代を追ってみていく。第三章では、戦国時代から一七世紀（江戸時代前期）ころを対象とする。戦国時代には、当地域にも城が築かれ、村の有力者は城の守備に当たったり、水軍の主戦力となったりして活躍した。戦国時代にも、沿岸部の村人たちは、江戸時代とほぼ同様の漁法で漁をしていたが、一方で戦国大名の戦争にも関わったのであり、そこが江戸時代との違いである。

江戸時代になって平和が訪れると、漁業のあり方や村運営の方式をめぐって、村のなかで津元と網子の対立が起こった。また、一七世紀半ば以降の長期にわたる不漁や、幕府の課す重い漁業税も漁師たちを苦しめた。そのなかで、漁師たちは対立を乗り越えて、あるべき村や漁業のかたちを模索するとともに、粘り強い訴えによって幕府から大幅な減税を勝ち取っていく。その結果、一七世紀末に、江戸時代の漁業の基本形が確立するまでの過程を述べる。その基本形とは、津元が網子の上に立って、漁業や村運営を主導するという体制だった。

第四章では、一八世紀（江戸時代中期）ころを扱う。一八世紀半ばには、早くも一七世紀末に確立した漁業の基本形を変えていこうとする動きが現われてくる。網子たちが、漁獲物の分配方法や漁場の権利などに関して、自分たちに有利なあり方への変更を要求し始めたのである。

これは村の内部を変えていこうとする動きだが、一八世紀には漁網の大きさや漁をしてよい時期をめぐる村と村との対立や、大都市の町人が漁業からの利潤を目当てに漁業に介入してくる動きもみられた。本章では、そうした一八世紀における村の内外にわたるさまざまな動向を紹介し、そうした動向に対処して生活と生業を守ろうとする漁師たちのひたむきな生き方に迫る。

第五章では、一九世紀（江戸時代後期）を取り上げる。一七世紀末に確立した江戸時代的な漁業の基本形に、一八世紀半ばにはひび割れが生じ始めた。一九世紀には、その亀裂がさらに拡大していく。

一七世紀以来、当地域の村々における漁場の位置や数はおおむね固定されていた。そのむやみな変更は、漁業秩序の混乱を招くからである。ところが、一九世紀になると、新漁場の設定など、自村の漁獲量を増やすために、それまでのあり方を改変しようとする動きが、二つの村で相次いで起こる。そこで、従来の秩序を改変しようとする村と、それを維持しようとする村々との間で対立が生じた。現状打破を目指す村と、既得権の確保を図る村とが争ったのである。しかも、秩序改変の運動は、その村の津元と網子が共同で推進した。津元と網子の格差と対立を超えて、両者が協力して他村に対して秩序の改変を求める動きが生まれてきたのである。明治維新を待たずに、漁師たちのなかから自生的に新秩序の模索が始まっていた。

終章では、明治維新後の変動について述べる。一八世紀半ばに芽生え、一九世紀に成長した秩序改変を目指す新たな動きは、幕府の倒壊という政治的大転換を契機に急加速した。江戸時代後期には村内で大きな対立や変化が起きなかった村々（すなわち、津元と網子の新たな関係がつくられなかった村々）において、網子による津元批判の声が一斉に巻き起こったのである。明治維新の変革と網子たちの運動が関連しあって、従来のあり方を大きく変えていった。ただし、変化を現実のものにした究極の力は、網子たちの運動だった。政府が守旧的な方向に政策転換したあとでも、網子たちは粘り強く秩序改変を実現していった。本章では、津元制度の廃止に象徴されるように、江戸時代的なあり方が大きく転換していく最終段階を見届けたい。以上、第三章から終章までを通じて、江戸時代の海に生きた百姓たちのすがたを、変化の過程に注目しつつ通時的に見通すことを目指す。

本書から、われわれの先祖が海に囲まれてどのように暮らし、海をめぐっていかなる人間関係を築いてきたのか、その具体像を知っていただければ幸いである。そして、そうした歴史的な営みに照らして、今日そしてこれからの人と海との付き合い方について考えるきっかけをつかんでいただければ、著者としてこれに過ぎる喜びはない。

海に生きた百姓たち　海村の江戸時代　目次

第一部　江戸時代の漁業とは　35

全国の事例を追う

第二部　海の男たちの三〇〇年史　89

戦国、江戸、明治――伊豆半島の海村を深掘りする

第一章　伊豆半島の海村の古文書、発見　91

第二章　津元と網子による漁の世界　123

立網漁から、利益の分配、魚の売買・輸送ルートまで

第三章 立網漁の主導者津元に、網子が独自漁で対抗 169

戦国〜江戸前期

長浜村を例に

第四章 江戸中期 津元批判を先鋭化させる網子たち 193

終章　明治維新における海村の大変革　253

序　江戸時代の村と海村

なぜ漁村ではなく「海村」なのか

本書では、海辺の村を海村（かいそん）と呼ぶことにする。漁村という名称のほうが一般的だが、後述するように、海辺の村の百姓たちは漁業だけをしていたわけではない。漁業の不安定さをカバーするために、農業・林業・商業など多様な生業を兼業している百姓が大多数だった。海辺の村には多様な産業があったのであり、それを表すために、漁業に特化したイメージのある漁村ではなく、海村という呼称を使いたい。

また、百姓＝農民ではないのと同様に、海村の百姓＝漁民ではなかった。海辺にあっても漁業をしない村もあり、漁業を行なう海村のなかにも、漁業に携わらない百姓はいた。また、漁業を行なう百姓も、漁業専業ではなかった。海辺の村は皆漁村であり、そこの住民は皆漁師であるといった、画一的な理解は正しくないということを、まず述べておきたい。ただし、海村の住民に、漁業を主な生業とする漁民（漁師）が多数いたことは事実であり、本書の主人公はまさに彼らである。

日本人は、昔から魚をたくさん食べていたか

もう一つ、あらかじめ読者の皆さんに知っておいていただきたいことがある。それは、日本の魚食文化についてである。よく、和食は健康によいとか、日本人の長寿の秘訣は和食にあるとか

図１　水産物の生産量と純輸入量

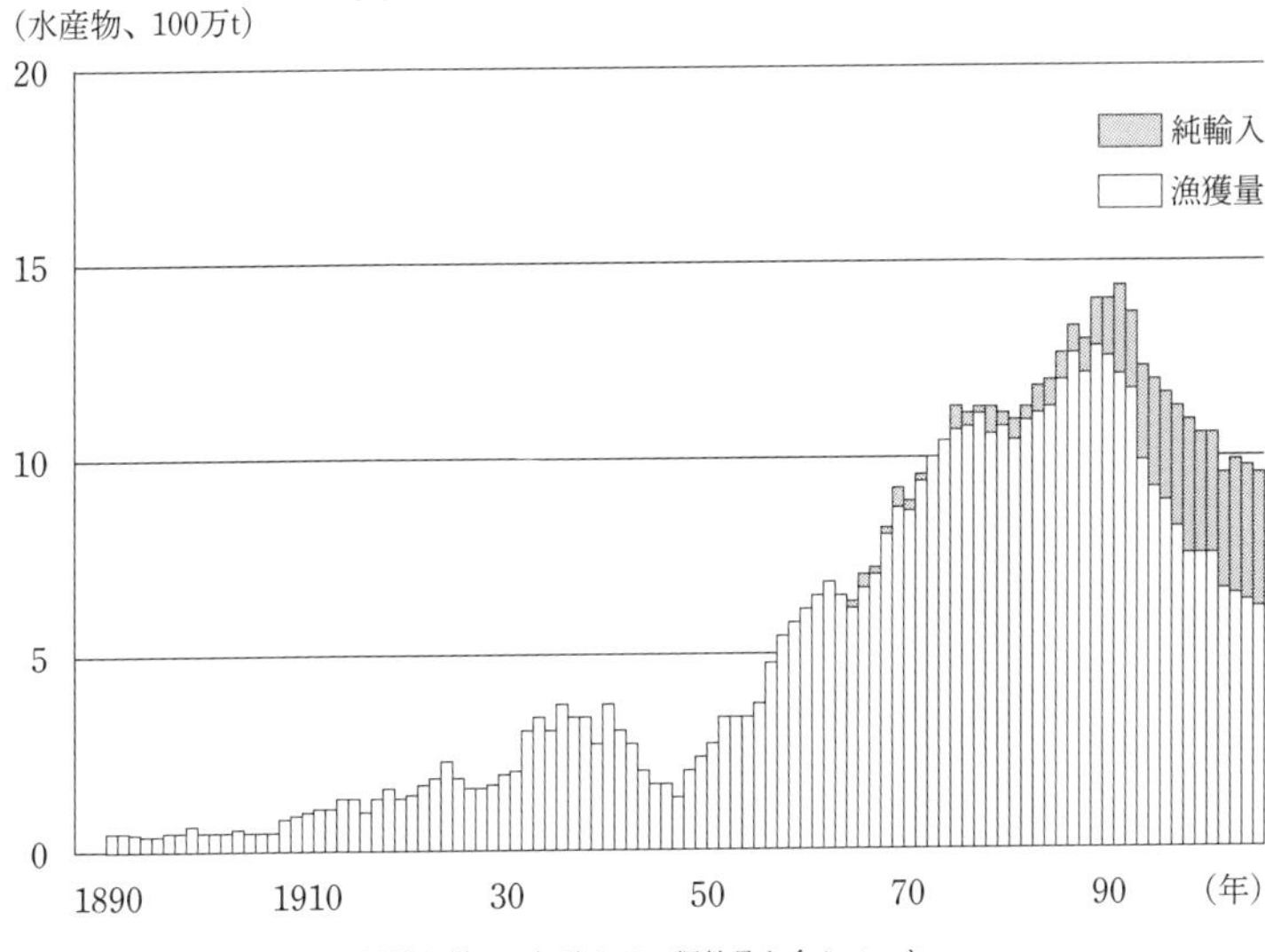

注：純輸入量には缶詰などの調整品を含んでいない
出所：川島博之『食の歴史と日本人』（東洋経済新報社）より

言われる。そして、和食の特色は、魚と野菜が中心で、肉が少ないところにあるとされる。しかし、江戸時代の日本人は、現代人と比べてそんなにたくさん魚を食べていたのだろうか。図１は、明治以降の水産物の生産量と輸入量を示したものである。

一見してわかるとおり、明治期（一九一二年まで）の漁獲量は非常に少ない。二〇世紀に入って徐々に増加するが、太平洋戦争によって大きく落ち込む。そして、生産量が急激に増加するのは太平洋戦争後のことなのである。また、28ページの図２は、年間一人当たりの水産物の消費量を示したものである。こちらも図１と共通の傾向を示している。やはり、明治期の消費量は

図２　年間１人当たりの水産物の消費量

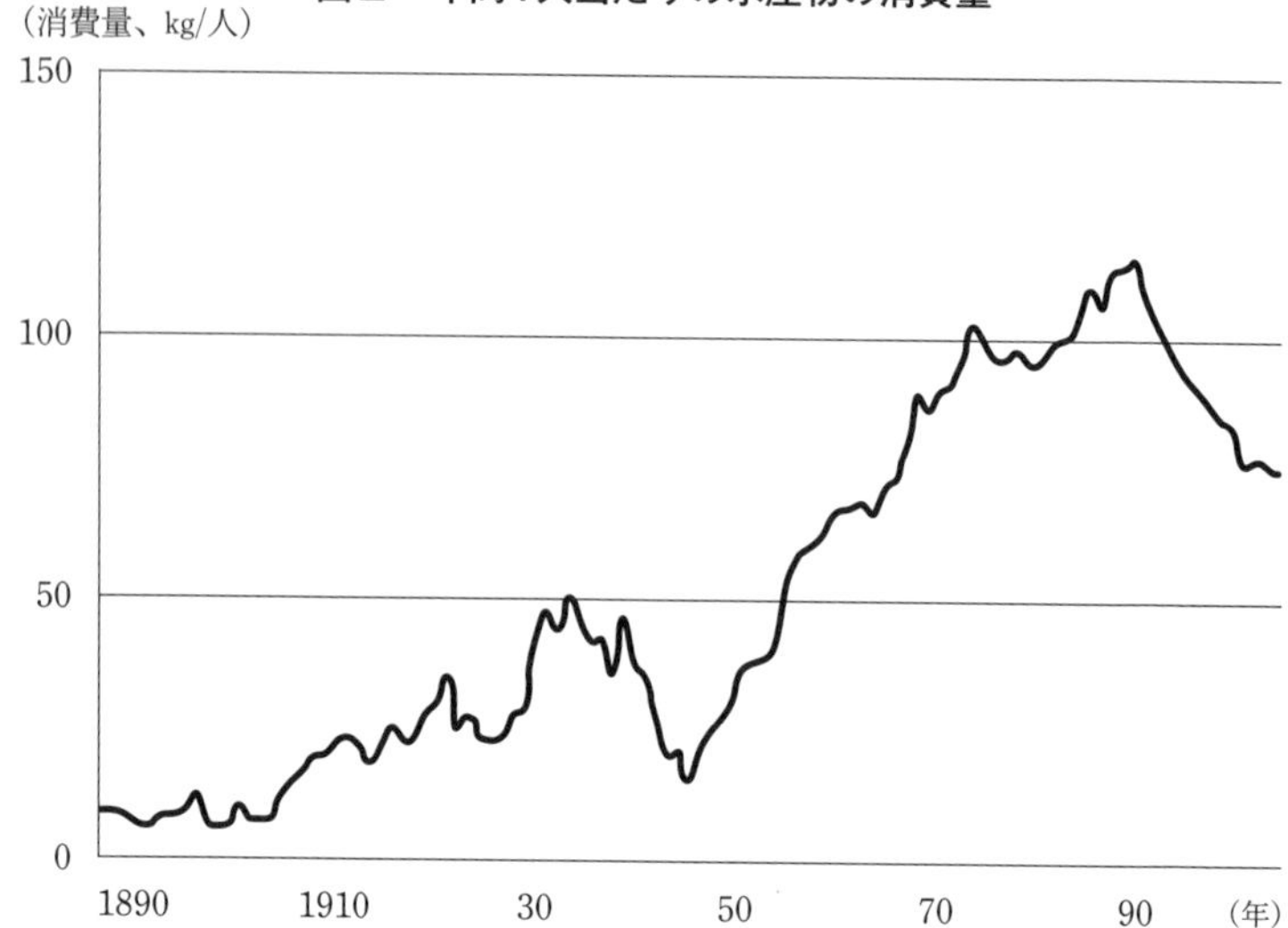

出所：川島博之『食の歴史と日本人』（東洋経済新報社）より

今日と比べると微々たるもので、急激な増加は太平洋戦争後のことである。そこから類推すると、江戸時代における魚介類の漁獲量や消費量は、明治期と同等かそれ以下であり、現代よりずっと少なかったと思われる。

その理由は二つある。動力船と冷蔵・冷凍技術の未発達である。江戸時代には、漁船は漁師が手で漕いだ。それでは、遠くの沖合まで出漁することはできない。遠洋漁業がさかんになったのは動力船（エンジンなどの動力を用いて進む船）の導入以降であり、江戸時代の沿岸漁業では漁獲量にはおのずと限界があった。

また、魚は生鮮食品であり、長期間の保存がきかない。そのため、冷蔵・冷凍技術が未発達だった江戸時代には、鮮魚を内陸部まで輸送することは困難だった。輸送手段が人馬だったことも、遠隔地への迅速な輸送を難しくした。魚の消費地が水揚げ港から近距離の範囲に限定されたことで、漁獲量もそれに規定されることになった。せっかく魚を獲っても、売り捌けなければ意味がないのである。魚の一部は干物や節物（鰹節・鯖節など）に加工されて内陸部にももたらされたが、やはり生鮮魚の流通範囲が限られていたことは大きかった。江戸時代の多くの人々は、新鮮な刺身などめったに食べられなかったのである（本項は川島博之氏の研究に拠る）。

しかし、だからといって、江戸時代の海村と漁業に注目する意義が減じるわけではない。その重要性については「はじめに」で述べたとおりである。また、海村やその近隣では、新鮮な魚が豊富に食べられたことは言うまでもない。

江戸時代の「村」とは

海村も村である以上、内陸部の村との共通点も多い。住民が百姓身分であることも、共通点の一つである。そこで、初めに、本書をお読みいただくうえでの予備知識として、江戸時代の村と百姓についての基礎事項を述べておきたい。すでに基礎知識をお持ちの方は、飛ばしていただいてけっこうである。

江戸時代の百姓たちは、家族でまとまって日々の暮らしを営んでいた。しかし、家は、それぞれが孤立して存在していたわけではない。家々が集まって村をつくり、村人同士が助け合って暮らしていた。

村は、江戸時代におけるもっとも普遍的かつ基礎的な社会組織だった。それは、百姓たちが生活と生産を営む場であると同時に、領主が百姓たちを把握するための支配・行政の単位でもあった。

江戸時代における全国の村の数は、元禄一〇年（一六九七）に六万三二七六、天保五年（一八三四）に六万三五六二だった。現在の全国の市町村数は約一七〇〇だから、単純に平均して一つの市や町の中に三七程度の江戸時代の村が含まれていることになる。現在も市町村の中にある大字は、江戸時代の村を引き継いでいるケースが多くある。

一八～一九世紀の平均的な村は、村高（村全体の石高、石高については後述）四〇〇～五〇〇石、耕地面積五〇町（江戸時代の面積の単位については後述）前後、人口四〇〇人くらいだった。このように江戸時代の村は今日の市町村と比べてずっと小規模だったから、そのぶんそこに暮らす人びとの結びつきは今日よりもはるかに強かった。

生産労働から冠婚葬祭にいたるまで日常生活全般にわたって、村人同士が助け合い、また規制し合っていたのである。江戸時代の村が共同体だといわれるゆえんである。

江戸時代は石高制の社会

江戸時代は石高制の社会だといわれている。大名・旗本など武士の領地の規模も、百姓の所持地の広狭や村の規模も、いずれも石高によって表示されたからである。

では、石高とは何だろうか。それは、田畑・屋敷地（宅地）などの生産高（標準的な農作物の生産量）を玄米の量で表したものである。石高とは、一定面積の田から収穫される平均的な玄米量を表しているのである。畑や、まして屋敷地には通常米は作らないが、作ったと仮定して畑や屋敷地にも石高を設定した。このように仮定の話が含まれているので、石高は土地の生産力を正確に表したものではないが、土地の課税基準や価値評価基準として重視されたのである。石高は、豊臣秀吉や江戸時代の幕府・大名が行なった土地の調査である検地によって定められた。

石高は、容積の単位である石・斗・升・合・勺・才で表示された。一石＝一〇斗、一斗＝一〇升、一升＝一〇合、一合＝一〇勺、一勺＝一〇才である。一升瓶が約一・八リットル入りであることは、現代人でも知っている。一石は一〇〇升だから、約一八〇リットルとなる。米一石の重さは、約一五〇キログラムである。

ここで、面積の単位についても説明しておこう。江戸時代には、土地の面積を表す単位として町・反（段）・畝・歩が用いられた。一町＝一〇反、一反＝一〇畝、一畝＝三〇歩である。次のような関係である。

一歩＝一坪＝一間（約一・八メートル）四方
一畝＝三〇歩＝約一アール（一〇メートル四方＝一〇〇平方メートル）
一反＝一〇畝＝三〇〇歩＝約一〇〇〇平方メートル

一町＝一〇反＝三〇〇〇歩＝約一ヘクタール（一〇〇メートル四方＝一万平方メートル）

村方三役と村の運営法

先に述べたように、村は、領主の支配・行政の単位、すなわち行政組織でもあった。そこで、村の運営のために村役人が置かれた。村役人は、名主（庄屋ともいう）・組頭・百姓代の三者で構成されることが多く、これを村方三役といった。村方三役は、いずれも百姓が務めた。

名主は村運営の最高責任者、組頭はその補佐役であり、百姓代は名主・組頭の補佐と監査を主な職務としていた。名主は世襲で任期がないこともあれば、任期制のこともあり、村ごとに違っていた。前者の場合は、村内でもっとも力のある家の当主が、代々名主を世襲した。後者の場合には、入札（投票）で後任を選ぶこともあった。江戸時代から、選挙で代表者を決めていた村もあったのである。村役人の選出方法は村人たちの意向で変えることができたから、選出方法をめぐって村内で対立が生じることもあった。

村の運営（年貢の収納、村の人口調査、領主の法令の村民への通達など）は村役人が中心的に担ったが、村の重要事項（村の年間行事の日程の決定や領主への願い事など）は戸主全員の寄合（集会）で決められ、村運営のための必要経費（これを村入用という）は村民が共同で負担するなど、村は自治的に運営されていた。村独自の取り決め（これを村掟・村法という）も制定された。

江戸時代の貨幣制度

江戸時代の一両は、今のいくらに相当するのだろうか。ここで、江戸時代の貨幣制度について述べておこう。

江戸時代には、金・銀・銭三種の貨幣が併用された。これを三貨という。

金貨には大判・小判などがあり、その単位は両・分・朱で、一両＝四分、一分＝四朱という四進法だった。小判一枚が一両である。

銀貨の単位は貫・匁で、一貫＝一〇〇〇匁だった。

銭貨の単位は貫・文であり、一貫＝一〇〇〇文だった。もっともポピュラーな銭貨だった寛永通宝など、銅銭一枚が一文である。

三貨相互の交換比率は時と場所によって変動したが、おおよその目安として、江戸時代後期には金一両＝銀六〇匁＝銭五〇〇〇～六〇〇〇文くらいと考えればいいだろう。金一両でほぼ米一石が買えた。

江戸時代の貨幣価値が現代のいくらに相当するかは難しい問題である。日本人の主食である米の値段を基準に考えると（同量の米が、江戸時代と現代とでそれぞれいくらするかを比べる）、金一両＝六万三〇〇〇円、銀一匁＝一〇五〇円、銭一文＝一一円くらいとなる。一方、賃金水準をもとに考えると（大工など同一の職種の賃金が、江戸時代と現代でそれぞれいくらかを比べる）、金一両＝三〇万円、銀一匁＝五〇〇〇円、銭一文＝五五円くらいとなる（磯田道史監修『江戸の家計簿』を参考にした）。いずれにしても、これらはあくまで一つの目安にすぎない。おおよそ、金一両＝一〇～一五万円と考えておけば大過ないだろう。

近代になると、貨幣単位は円・銭・厘・毛となる。一円＝一〇〇銭、一銭＝一〇厘、一厘＝一〇毛である。

第一部　江戸時代の漁業とは

全国の事例を追う

1　網と漁法

第一部では、全国各地の個性豊かな海村のすがたを描いていきたい。

漁業には、網漁・釣漁や、罠をしかけて魚を誘き入れて捕獲するものなど多様な種類があり、船や網などのさまざまな漁具を用いる。そして、それらの漁具の形状は、漁場の自然環境や狙う魚種の違いなどによって千差万別である。隣り合う村同士でも、用いる漁具には微妙な差がある場合が少なくない。漁業における地域差は、農業のそれよりもさらに大きいといってよかろう。

ここでは、第二部の中心的な舞台となる静岡県沼津市域で近代に行なわれた漁法のいくつかを紹介することを通じて、漁業の豊かな多様性の一端を示すことにしよう。近代の事例を示すのは、近代のほうが江戸時代よりも漁法についてのくわしい資料があるからであり、かつ江戸時代のあり方を色濃く継承しているからである。

①定置網漁

定置網漁は、決まった漁場に常に網を設置しておき、そこに魚が入るのを待って捕獲する漁法であり、マグロ・ブリ・イワシ・アジ・タイ・イカなどを獲るのに用いられた。当地域で使われた定置網は大謀網とも呼ばれ、ミチアミ（誘導網）・ウンドウバ（囲網）・ノボリ（登網）・ハコアミ（箱網）の四種の網が複合したものであった（38ページの図3参照）。

やってきた魚群は、まずミチアミに進路を阻まれて、ウンドウバに入る。魚はそこからノボリのほうに泳いでいくが、ノボリの底部はハコアミに向かって上向きに傾斜がついており、かつハコアミに近づくほど横幅が狭くなっている。つまり、ノボリはハコアミに向かって、漏斗状にすぼまっているのである。そのため、ノボリを通ってハコアミに入った魚は、ノボリやウンドウバには戻れない仕組みになっていた。

そこで、定置網を仕掛けておきさえすれば、魚群は放っておいてもハコアミに入ってくるので、魚群の到来を常に見張っている必要はない。また、魚が入ったら、ハコアミの部分だけを曳き揚げればよいので、人手もあまり必要としない。このように、定置網漁とは、漁にかける時間と労力を節約して、効率的に漁獲をあげる漁法であった。

②地曳網漁

地曳網ではイワシやマグロを捕獲するが、ここではイワシを対象とした地曳網漁を紹介しよう。地曳網漁に用いる網は、フクロ（袋網）・ハナヅラ（脇網）・アラテ（ナワアミ・垣網）からなる（39ページの図4参照）。漁の際には、アラテの両端を二艘の網船でそれぞれ曳いて、魚群をアラテで囲い込み、さらにフクロへと落とし込む。その際、海岸近くの山の中腹や、手船と呼ばれる船の上から、網船がうまく魚群を囲い込めるように指示を出した。魚群がフクロに入ったら、浜で待

図3　内浦の重寺村のマグロ定置網の図

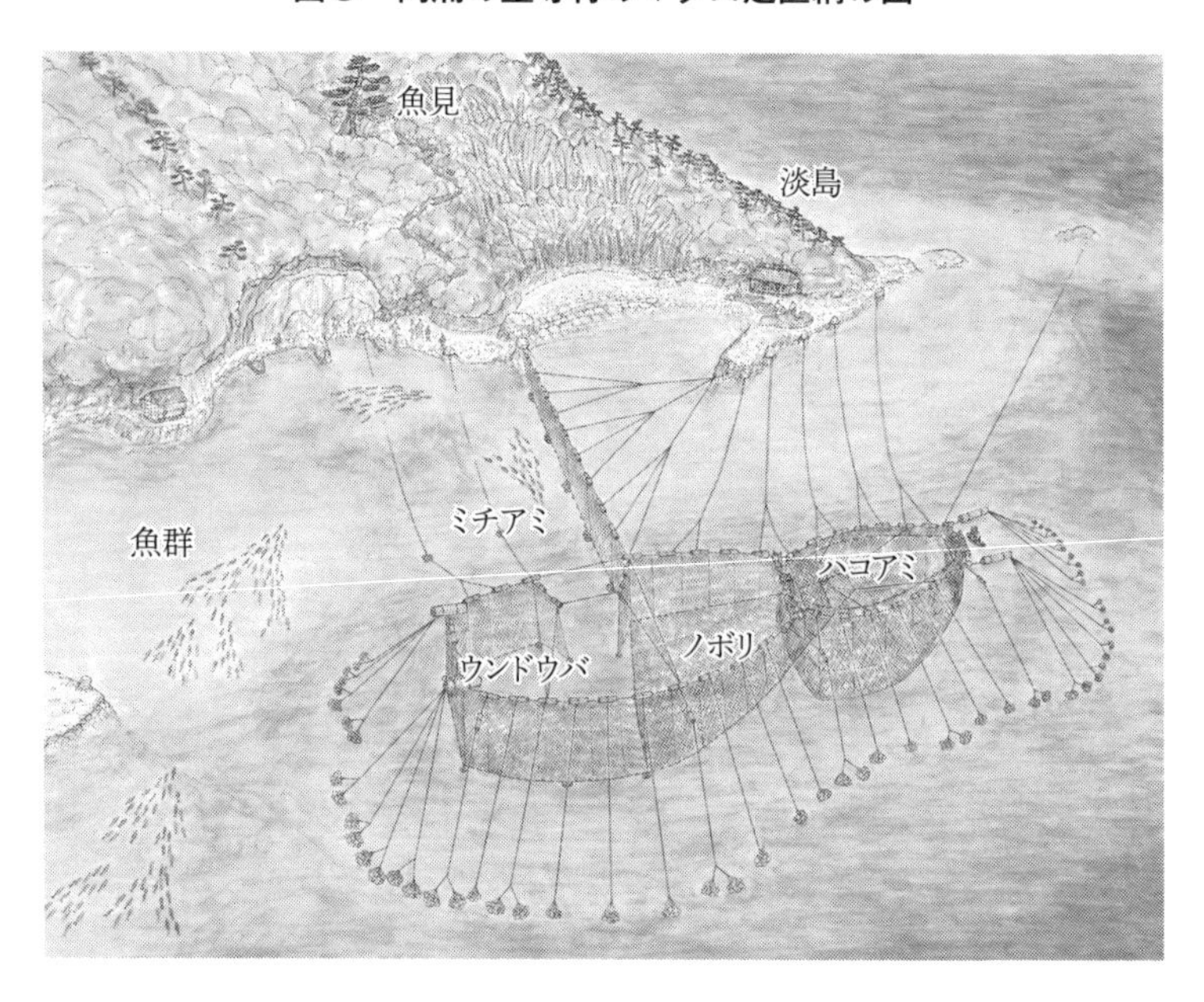

ミチアミ・ウンドウバ・ノボリ・ハコアミという、それぞれ機能の異なる網が一体となって定置網を構成しているようすがよくわかる。魚はミチアミ→ウンドウバ→ノボリ→ハコアミと順に移動し、ハコアミに入るともう逃げられない

出所：沼津市歴史民俗資料館蔵、千賀葉子氏作図

図4　イワシ地曳網の図

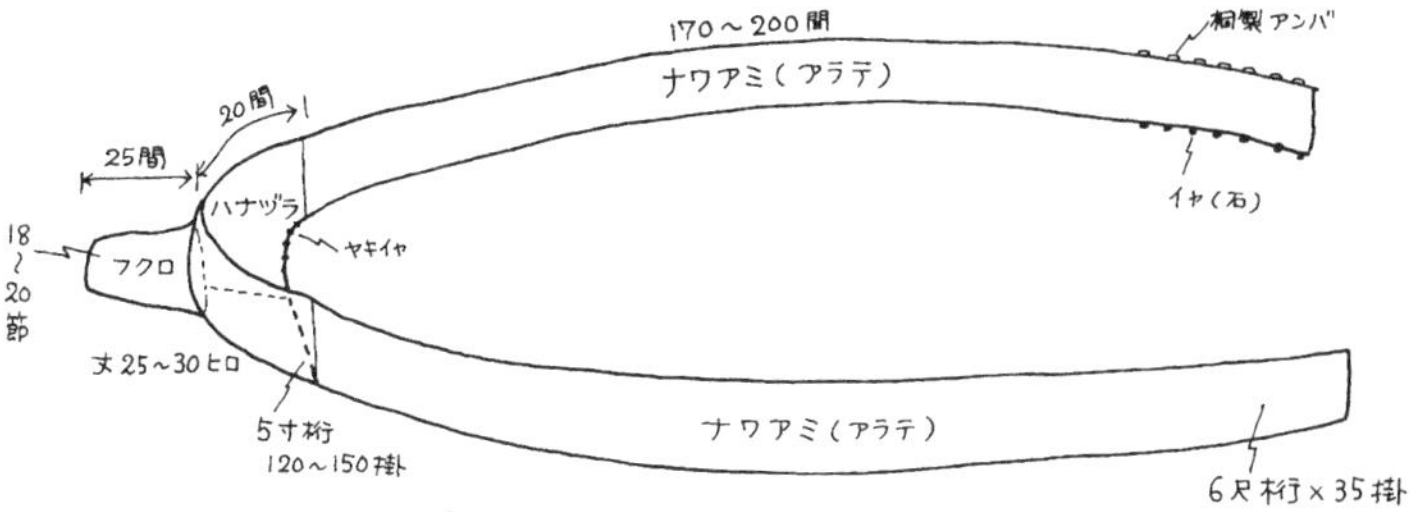

アラテは長さが170～200間（約306～360メートル）もあり、これでイワシの群れを囲い込んで捕獲した。1ヒロ（尋）は約1.5メートルである

出所：『沼津静浦の民俗』より転載

機していた者たちが網を受け取り浜へ曳き揚げて、中の魚を捕獲した。

③船曳網漁

船曳網漁は、網を二艘の船で曳いて、網の中に魚群を囲い込んで捕獲する漁法であり、その点では、地曳網漁と共通している。そのため、用いる網も、地曳網漁のものに似ている。ただ、地曳網漁が最終的には網を浜辺に曳き揚げるのに対して、船曳網漁では網を船に曳き揚げる点が異なっている。

④刺網漁

刺網漁は、横長の帯状の網を海中に張って魚群の進路を遮り、網に突っ込んできた魚を網目でからめとって捕獲する漁法である（41ページの図5参照）。ブリ・イサキ・マダイ・スズキ・カレイ・ヒラメ・カワハギなど多くの種類の魚を獲るのに用いられた。網に頭から突っ込んだ魚は、エラが網に引っかかるなどして、抜け出すことができなかった。

ブリの場合、回遊してくる場所はほぼ決まっていたので、そこに刺網を仕掛けた。海中に仕掛けた網を毎日朝・昼・夕の三回海上に曳き揚げて、網にかかったブリを獲り、網はまた元の場所に戻したのである。

⑤釣漁

釣漁には、漁師が船上から釣竿で釣るカツオ一本釣漁や、延縄(はえなわ)釣漁などさまざまな種類があった。

カツオ一本釣漁は、漁船にカツオの餌として生きたイワシを積んでいき、カツオの魚群を見つけると餌イワシを撒く。イワシを撒いたところに手で水を掛けると、カツオは興奮してイワシに群がってくる。そこを、船縁(ふなべり)に並んだ漁師たちが餌を付けた釣竿で釣り上げるのである(図6、図7参照)。

タイの延縄釣漁では、長いミチナ(幹縄)に、釣針(釣鈎(つりばり))を付けたヒヨ(枝縄)を一定間隔で多数結びつけ、ミチナを横に伸ばして海中に沈める(42ページの図8参照)。その際、ミチナには重りの石とウケナ(浮縄)を付け、ウケナの上端には浮樽(うきたる)を付けた。重り石と浮樽によって、海中での延縄の位置を安定させたのである。釣針には、イカなどの餌を付けた。そして、時間を置いてミチナを曳き揚げ、針にかかっていたタイを船に揚げるのである。タイ以外に、マグロの延

図5　ブリ刺網の図

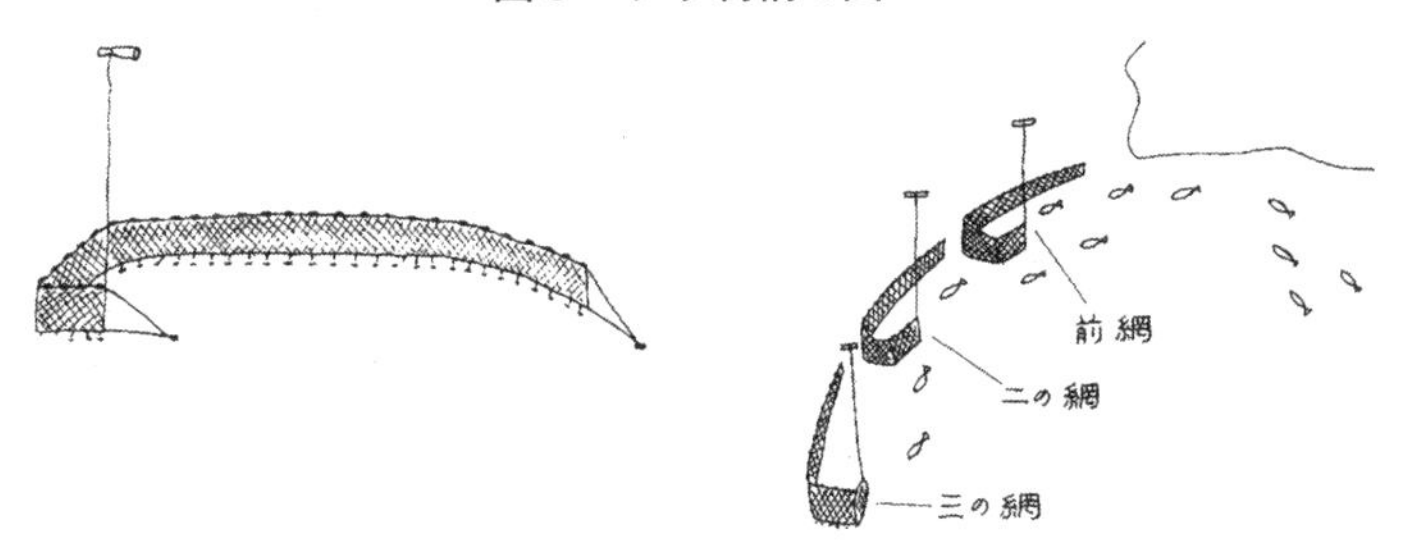

左図で上方に伸びているのはアンバ(浮き)である

出所:『沼津内浦の民俗』より転載

図6　釣竿(採集地:内浦小海)

カツオ一本釣漁に用いた釣竿である。釣竿には餌のイワシを付けた

出所:沼津市歴史民俗資料館蔵

図7　カツオ一本釣用の釣針(採集地:内浦三津)

長さは1.8〜5.3センチメートル、幅は1.1〜3.2センチメートルくらいのものを用いた

出所:沼津市歴史民俗資料館蔵

図８　タイ延縄釣漁の図

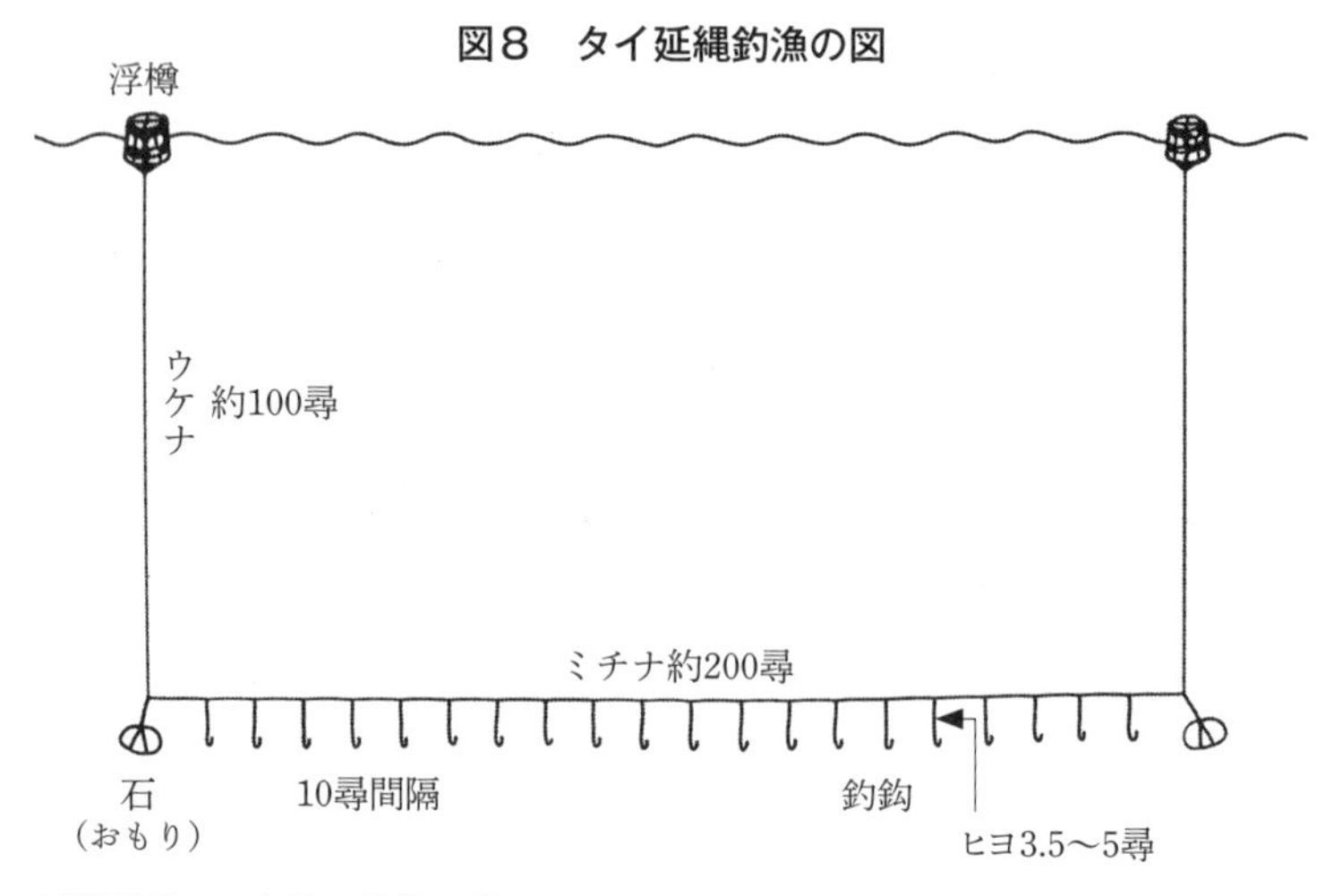

延縄釣漁は、多数の釣針を付けた延縄を海中に沈めて、魚が釣針にかかるのを待って曳き揚げる漁法である

出所:『沼津静浦の民俗』より転載

図９　浮樽（採集地:静浦獅子浜）

杉製で高さは17.5センチメートルあった

出所:沼津市歴史民俗資料館蔵

図10　マグロ等延縄釣用釣鈎（採集地:静浦獅子浜）

左のものは長さ6.4センチメートル、幅2.6センチメートル、右のものは長さ6.6センチメートル、幅2.7センチメートルである

出所:沼津市歴史民俗資料館蔵

縄釣漁も行なわれた。

　以上のほかにも、船上からモリ（銛）でタコ・ヒラメなどを突いて捕獲する突漁（つき）や、魚を誘き入れて出られないようにする罠を仕掛けて捕獲する漁など、実に多彩な漁法が行なわれていた。なお、当地域の代表的な漁法として、もう一つ立網漁（たちあみ）があるが、これについてはあとで詳しく述べよう（本項は『漁具の記憶』に拠る）。

2　東北・北陸

サケを保護しつつ漁を継続する——三陸沿岸の瀬川仕法

　ここからは、全国各地で営まれた、個性豊かな漁業のすがたをご紹介したい。まず、サケ漁に注目しよう。

　サケは海水魚だが、産卵は川で行なう。秋から冬にかけての産卵の時期になると、生まれた川に戻ってきて、そこで産卵するのである。卵は翌年春に孵化し、稚魚は川のなかで成長する。成長したサケは海に出ていくが、産卵期には再び生まれ故郷の川に帰ってくるのである。江戸時代の東北地方三陸沿岸各地では、こうしたサケの生態を理解したうえでの特色あるサケ漁が行なわれていた。その一例をあげよう。

岩手県宮古市の津軽石を北流して宮古湾に注ぐ津軽石川には、江戸時代に毎年サケが遡上してきたため、河口部に位置する津軽石村・高浜村・金浜村・赤前村の四か村は、共有の漁場を日替わりで利用してサケ漁を行なっていた（図11）。そして、漁場の利用に際しては「瀬川仕法」という共通のルールが定められていた。その内容は、次の二点である。

①操業時間は午前八時から午前一〇時ころまでとする。

②川で孵化した稚魚を保護する。

①について、説明しよう。サケは夜中にさかんに川を遡上して産卵する習性がある。そこで、その時間帯には漁をせずに、まずサケに自由に産卵させる。そして、産卵を終えたサケを、午前八時から一〇時ころに捕獲するのである。サケを産卵前に獲ってしまえば、川に卵は産み落とされない。その結果、津軽石川で生まれるサケが少なくなれば、以後年を追うごとに、津軽石川に戻ってくるサケの数は減少してしまう。それを防ぐために、サケ漁は、サケの産卵後に限って行なうことを取り決めているのである。

②について。サケの卵は二月の中ごろから孵化し、稚魚は川で成長してから海へ出ていく。その間に、稚魚が子どもや水鳥に獲られないよう保護するのである。

こうした内容をもつ「瀬川仕法」は、サケ漁を継続的に行なっていくために、漁師たちがサケの習性を理解したうえで、サケ資源保護のために編み出した漁業慣行だった（本項は高橋美貴氏の

図11　津軽石川とその周辺

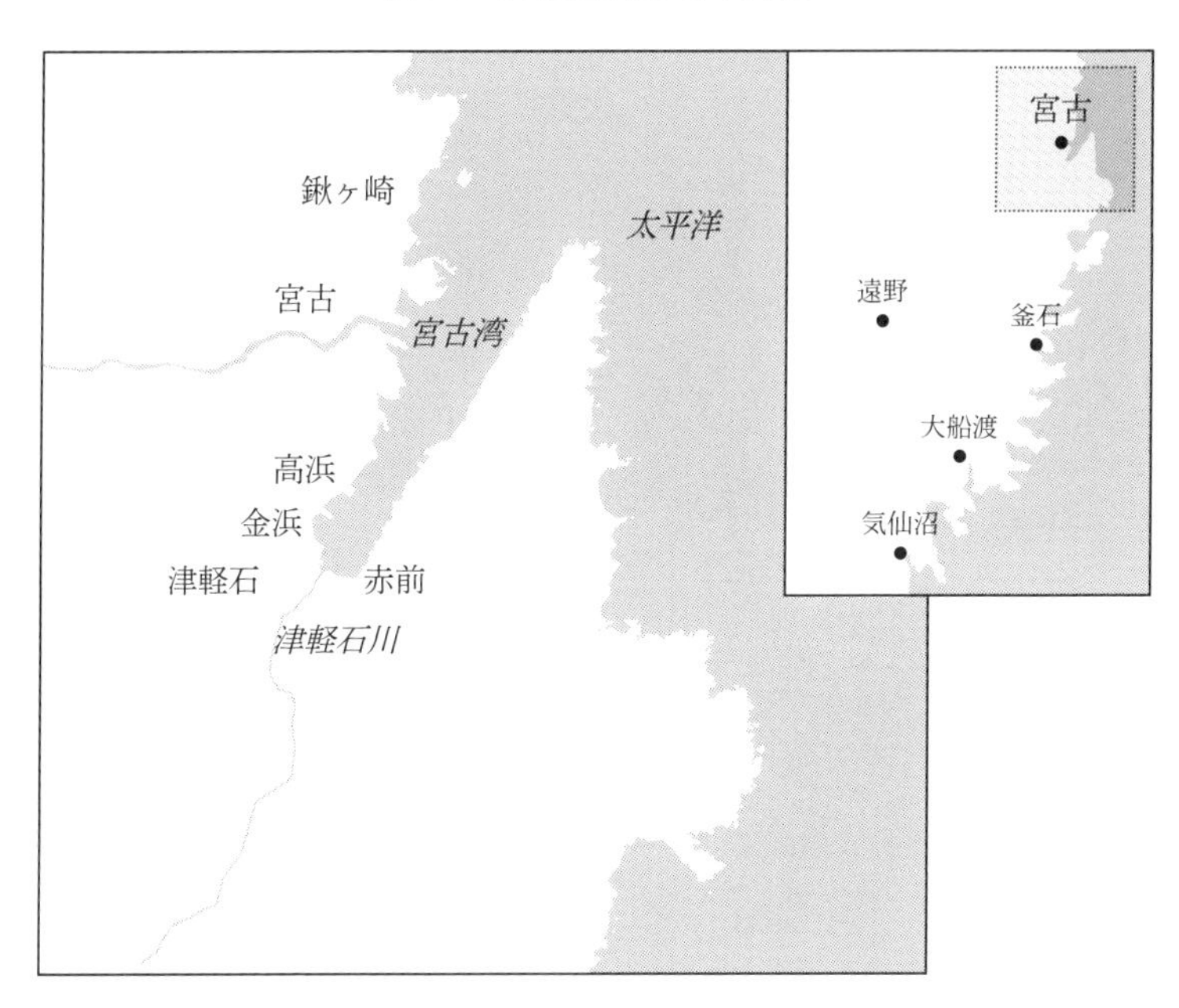

研究に拠る）。

サケの産卵場をつくる
――越後村上藩の種川制度

新潟県北部に位置する村上市の特産はサケである。土産物にも、「鮭の酒浸(び)たし」（サケを甘塩に漬け込み、さらに半年間天然乾燥させたもの。日本酒をかけて食べる）、「鮭のしぐれ煮」など、サケを原料にしたものが多い。サケが特産になった起源は、江戸時代に遡る。

江戸時代に当地を支配した村上藩では、一八世紀後半以降、種川(たねがわ)制度と呼ばれるサケの資源保全制度を実施していた。種川とは、半人工的につくり出されたサケの産卵場のことである。川のなかでサケの産卵に適した水域を選んで、その上流部を杭などで仕切ってサケの遡上を止めて、そこで産卵させるのである。サケの産卵場所を人為的に設定して、産卵と孵化をコントロールする仕組みである。

そして、種川では産卵後のサケのみ捕獲してもよいとされ、さらに夜間のサケ漁や稚魚の捕獲は厳禁された。すなわち、サケの産卵環境を整備するとともに、卵や稚魚を保護する仕組みが種川制度であった。この種川制度は、村上藩領を流れる三面(みおもて)川などで実施された。

種川制度については、以下の点が注目できる。第一は、「瀬川仕法」との共通性である。いずれも、サケの習性をふまえたうえで、捕獲に一定の制限を設けることで、サケ資源の保全と永続的な漁獲を目指したものだといえる。

種川制度の起源については、村上藩士の青砥武平次(あおとぶへいじ)という人物が創始したとされるが、異説もある。仮に青砥武平次が創始者だとしても、彼が単独で種川制度を一から考案したとは考えにくい。種川制度の前提には、「瀬川仕法」のような民間で育まれた慣行が存在し、藩がそれを吸収して制度化したと考えるのが妥当ではなかろうか。種川制度は、民衆と武士の合作という側面をもつように思われる。

注目点の第二は、種川制度が村上藩の政策として実施されたことで、民衆の自由な漁業活動を抑圧する側面をもったことである。種川制度の導入前から、三面川の流域住民は小魚の漁を行なっており、そこでは小魚とともにサケの稚魚も捕獲された。藩はそれを問題視して、寛政(かんせい)七年

（一七九五）に小魚漁の禁止令を発布した。サケの稚魚を保護するために、小魚漁自体を全面禁止したのである。また、種川制度では夜間の操業が禁止されていたが、藩ではそれに違反して夜間に漁をする人びとを、下級役人を使って摘発・処罰した。このように、種川制度は、一般の民衆に対する監視体制の強化をともなって実施されたのである。

注目点の第三は、種川制度が導入された一八世紀後半に、村上藩は茶の生産や養蚕業の育成にも力を入れており、種川制度はそうした殖産興業政策の一環だったということである。すなわち、種川制度は、サケの漁獲量拡大による漁業税の増収を目論む藩の政策志向の産物でもあった。種川制度が結果としてサケ資源の保全・保護につながったことは事実だが、藩はそれを目的としたのではなく、資源保全は藩の収益を増大させるための手段であった。ただし、手段ではあっても、資源保護が図られたことの意義は大きい。

第四点。第二、第三点として指摘したような、支配者が収益増大を目指して漁業の振興を図り、小魚漁や夜間の漁などそれに抵触する民衆の動向を取り締まるというあり方は明治政府に継承され、漁業資源繁殖政策として、全国に拡大して実施されることになる。村上藩の種川制度は、その原型をなすものであり、近代の漁業政策の基調を先取りするものであった。

資源保護のためには、一定の規制が必要になる。それは、村人たちが自主的につくり出した民間慣行である「瀬川仕法」の場合も同様である。欲望に任せた無制限の乱獲が資源の枯渇につながることは当然であり、ルールがなければ人びとはともすれば目先の利益を優先して、長期的な展望を見失いがちになる。しかし、権力による規制は、ときに民衆の漁業の抑圧ともなる。「瀬川仕法」や種川制度からは、漁業に生きる人びとの生業保障と自然資源の保護との両立のさせ方、バランスのとり方について考えさせられる（本項は高橋美貴氏の研究に拠る）。

秋田の八郎潟における漁法争い

八郎潟（はちろうがた）は、秋田県の男鹿（おが）半島の付け根に位置する大きな湖である。いや、湖であったというべきだろう。今日では埋め立てられて、一面の美田に変わっているからである。以下は、八郎潟が湖だった江戸時代の話である。

八郎潟は、その南西部にある狭い水路（船越水道（ふなこしすいどう））によって日本海とつながっていたため、淡水と海水が混じり合う環境で暮らす魚類が多く生息していた。江戸時代には、そのうちワカサギ・シラウオ・フナ・ボラ・ゴリ・ハゼなどが主に捕獲されていた。八郎潟一帯を支配する秋田藩にとっても、城下町久保田への食用魚類の供給地として、八郎潟は重要な意味をもっていた。

八郎潟の湖岸には多くの村が存在したが、そのなかで漁業活動の中心になったのは、船越水道を挟んで両側に位置する船越村と典農（てんのう）村であった（図12参照）。海で暮らす魚たちも、八郎潟内の湖岸に近い浅瀬の藻の間に産卵するために、産卵時には海から船越水道を通って八郎潟に入ってくる。そして、生まれた稚魚は成長すると日本海に出ていく。あるいは、海で生まれた稚魚が親と一緒に八郎潟に入ってくる。それだけでなく、季節によって、大量の魚類が船越水道を出入り

図12　八郎潟とその周辺

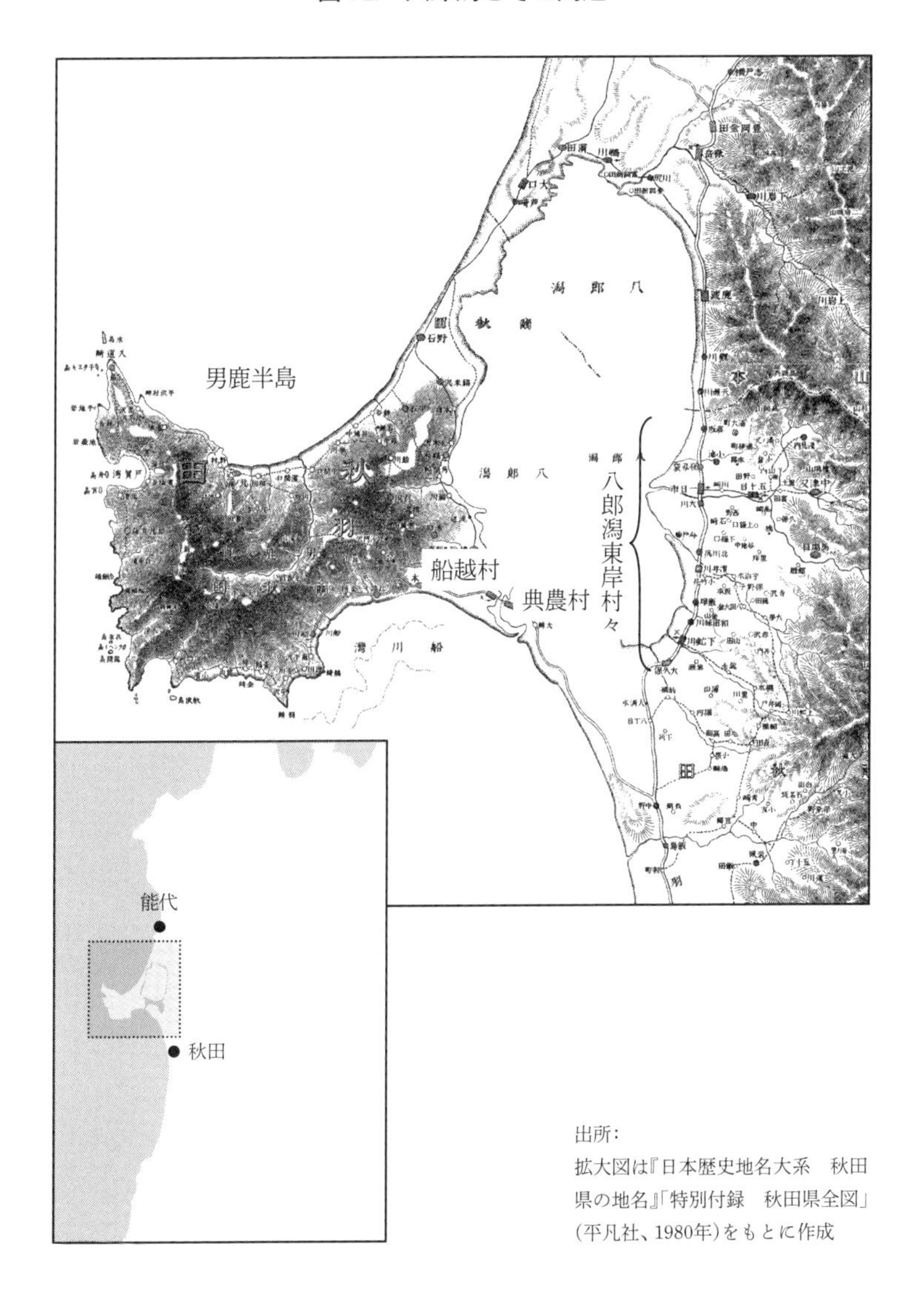

出所：
拡大図は『日本歴史地名大系　秋田県の地名』「特別付録　秋田県全図」(平凡社、1980年)をもとに作成

した。そのため、船越水道に近接する船越・典農両村は漁業を行なうのに非常に有利な立地にあり、両村は好条件を活かしてボラ・シラウオなどを捕獲していた。また、湖の漁業権については、湖岸から約一キロメートル以内の範囲は地元村がそれぞれ権利をもっていたが、それより沖合の湖中央部では船越村が独占的に漁を行なうことができた。船越村は、そうした特権ももっていたのである。

船越・典農両村以外の湖岸の村々、とりわけ東岸の村々の百姓たちも、農業とともに漁業を営んでいた。東岸村々の漁業は、目の細かい漁網（ゴリ引網）を用いてゴリ（ハゼ科ウキゴリ属）やハゼ・ワカサギを獲るものであり、一般農民が行なう小規模なものであった。

ゴリ引網はゴリの大きさに合わせて目が細かいため、漁の目的であるゴリなどのほかに、さまざまな魚類の稚魚をも一緒に捕獲してしまうものであった。稚魚の乱獲は、将来の漁獲量の減少につながる。そのため、秋田藩は、一七世紀以降、漁業資源維持の観点から、何度もゴリ引網の使用禁止令を出している。

しかし、ゴリ引網漁は、東岸村々の百姓たちにとっては、生活のために不可欠なものであった。そこで、東岸村々はゴリ引網禁止令に強く反発したため、禁止令はその都度撤回された。一八世紀には、藩の禁止令発布とその撤回が繰り返されたのである。

ところが、一九世紀になると、ゴリ引網をめぐる対立の構図に変化が生まれる。その前提には、八郎潟における不漁の慢性化という事態があった。そして、不漁が長引くなかで、船越・典農両村が、不漁の原因と考えたゴリ引網の操業停止を秋田藩に強く求めるようになったのである。この時点では、両村は漁にゴリ引網を用いてはいなかった。

まず、享和(きょうわ)三年（一八〇三）に、船越・典農両村の代表者が、藩に次のように願い出た（本書で引用する史料は、すべて現代語訳している）。

　ゴリ引網を用いての漁は稚魚の乱獲につながるので、禁止していただきたい。ゴリ引網を禁止すれば、それを使って漁をしている人びとは一時的には不利益を被るでしょうが、数年後には漁獲量が増加するので、かえって莫大な利益を得られるはずです。

　ゴリも諸魚の稚魚も、ともに湖岸近くの水温の比較的高い浅瀬を好んで生息します。晴天時には、諸魚の稚魚は人影を見ると逃げてしまいますが、ゴリは水底に潜り込むので、そこを狙って網を使えばゴリのみを獲ることができます。しかし、曇りや雨の日には、稚魚は近づいてくる人影に気づかないため、ゴリとともに捕獲されてしまいます。したがって、天候にかかわらず行なわれるゴリ引網漁は稚魚の乱獲をもたらすのです。

　八郎潟で獲れるフナは、城下町久保田にさかんに出荷されています。ところが、八郎潟東岸の村々は、冬に凍結した湖面に穴をあけて網を入れ、フナを稚魚の段階で捕獲し販売しています。しかし、もっと成長してから捕獲したほうが社会全体の利益になるのであり、フナの稚魚を獲るべきではありません。

船越・典農両村ではボラやシラウオを主に獲っていますが、それらの稚魚も東岸村々がゴリ引網などで乱獲してしまうため、近年は漁獲量が減少しています。以上の理由から、ゴリ引網は禁止すべきです。

以上が、船越・典農両村の主張である。両村は、漁獲量減少という危機的事態に直面して、その原因を東岸村々の漁法に求めている。東岸村々の人びとがゴリ引網などを用いて行なう漁が稚魚を乱獲しており、それが漁獲量の減少をもたらしているというのである。したがって、漁獲量回復のためには、ゴリ引網漁や氷面下でのフナ漁を禁止すべきだということになる。

一八世紀には、ゴリ引網をめぐる対立は、秋田藩と東岸村々の間で起こっていた。それが、一九世紀になると、ゴリ引網の禁止か容認かという争点自体は変わらないものの、藩に禁止を求める船越・典農両村とそれに抵抗する東岸村々というように、対立の当事者が変化した。湖岸の村々同士の対立になったのである。

そして、船越・典農両村は自らの主張の正しさを示す根拠として、天候と魚の行動パターンとの関係をあげている。漁師たちが長年の経験を通じて獲得してきた魚の生態に関する知識が、領主に対して自らの正当性を主張するために活用されているのである。ただし、残念ながら、船越・典農両村の訴えが認められたかどうかは確認できない。

稚魚の保護か、漁獲維持か

享和三年（一八〇三）の船越・典農両村の主張はすぐには認められなかったかもしれないが、その後も両村は藩への働きかけを続け、その甲斐あって、安政（あんせい）四年（一八五七）に、藩は、漁獲量回復のために、同年から三年間、試験的にゴリ引網漁の禁止を命じた。これに対して、同年、八郎潟東岸村々の代表者は、ゴリ引網漁の再開を求めて、次のような内容の願書を提出した。

ゴリ引網漁はゴリ・ワカサギなどを主な漁獲対象としており、まれに他の魚種を捕獲することもありますが、それは漁業資源の減少をもたらすようなものではありません。近年の不漁は八郎潟に限らず、一般的な現象であり、ゴリ引網漁とは無関係です。

ゴリ引網漁で獲ったゴリは塩辛（しおから）に加工され、安価なこともあって、八郎潟周辺の百姓たちにとっては、一年を通じて定番のおかず・調味料（当地域では、塩辛を味噌や醤油の代用品にしていた）になっています。そのため、ゴリの供給が不足すれば、百姓たちが難儀することになります。

ゴリ引網漁を行なう漁師たちは経済的に豊かではない者たちばかりであり、ゴリ引網漁が禁止されれば彼らは生活していくことができません。

すなわち、八郎潟東岸村々は、漁師たちの生活保障と周辺住民の食生活への悪影響を理由として、ゴリ引網漁の禁止に反対しているのである。

船越・典農両村と八郎潟東岸村々は、いずれも八郎潟に面して、漁業を生業としていた。しかし、両者は、フナなど漁獲対象魚種が一部重なるものの、船越・典農両村がボラ・シラウオなどを主要な漁獲対象とするのに対して、東岸村々はゴリやワカサギなどを主に獲っており、ゴリ引網漁は東岸村々だけが行なっていた。また、フナは城下町久保田、ゴリは八郎潟周辺農村が主要な販売先になっていた。

このように、船越・典農両村と八郎潟東岸村々はともに八郎潟で漁業を営みつつも、対象魚種・漁法が異なっていたため、どちらの漁業を優先するかをめぐって対立したのである。そして、船越・典農両村が稚魚の保護による水産資源の増殖を強調したのに対して、東岸村々は漁師たちや周辺地域住民の生活維持を主張の正当性の根拠にした。双方の主張にはそれぞれ一理あり、またどちらも自らの生業と生活がかかっていた。そのため、藩の当局者たちの間でも意見が分かれ、ゴリ引網漁に対する藩の方針も禁止と容認の間で揺れ動いた。

江戸時代は、人と自然が調和した理想的な時代などではなく、生物資源保護と住民の生活保障のどちらを重視するか、あるいはこの両者をいかに両立させるかをめぐって、村（漁師）同士や村と藩の間で緊張と対立、妥協と協調の複雑な関係が繰り広げられていた時代だったのである（以上の八郎潟についての記述は高橋美貴氏の研究に拠る）。

3　肥後天草

沖合での村々の対立と幕府への訴え

今度は、眼を西日本に転じよう。肥後国天草郡の天草諸島（現熊本県天草市）は、上島・下島・大矢野島などの島々からなる風光明媚の地である。江戸時代には、全島が幕府領だった。ここで取り上げるのは、下島にある富岡町である（57ページの図13参照）。富岡町は、下島の北西端に突き出した小半島の付け根にあり、幕府の代官所が置かれて、天草の政治的中心となっていた。また、天草郡内では長崎にもっとも近く、有明海の入り口に位置する海上交通の要地であった。イワシの地曳網漁がさかんで、江戸時代には九十九里浜と並ぶイワシの産地といわれた。

天草の沿岸村々のうちのいくつかは、幕府から水夫浦に指定されていた。水夫浦とは、幕府のために船や乗組員（水夫）を提供し、漁業税を負担する代わりに、自村の前海のみならず近隣村々の前海をも含む広範囲の海域における独占的漁業権を認められた村のことである。海沿いの村のなかでも、水夫浦は漁業面で特権的な地位を占めていた。水夫浦の数は、一七世紀中に七から一七に増加し、一八世紀にはさらに二四に増えた。富岡は、当初からの七つの水夫浦の一つである。各水夫浦には代表者として弁指（水夫たちの統括者）が置かれ、さらに各水夫浦全体の統括者として富岡に郡中惣弁指が置かれた。

富岡は町域の土地の前に広がる海だけでなく、その南北にわたって、他村の前海をも広く自らの独占的漁業水域としていた。それは、一七世紀からの水夫浦であり、郡中惣弁指がいて、天草の水夫浦全体を代表する地位にあったがゆえの特権であった。逆に言えば、富岡の南北両方向の沿岸数か村は、海に面していながら漁業権をもたないのであった。ただし、これらの村々も富岡に入漁税を払うことによって、村の前海での漁業を行なうことができた。

富岡は、天草下島沿岸部の広範囲にわたって漁業権を有するのに加えて、対岸の肥前国高来郡の近海に至る東シナ海の沖合漁場でも操業しており、そこで巻網の一種である八田網を用いてイワシなどを獲っていた。沖合での漁業は、村の前海の範囲内で行なう漁業とは異なり、魚群を追って広範囲の海域を移動する点に特色があった。また、巻網漁とは、複数の船が協力して網を半月状に海面に張り渡し、その中に魚群を囲い込んでから、網を船縁に手繰り寄せて捕獲するものである。イワシ八田網漁は、夜間に船上でかがり火を焚いて、その光でイワシを集めて捕獲するものであり、毎年九月から一一月にかけて行なわれていた。

富岡の漁師たちは、対岸にあたる肥前国野母村（現長崎市）の沖合八キロメートルくらいの地点まで船を出して、イワシ八田網漁を行なっていた。野母村は、野母崎半島の先端に位置し、長崎の東シナ海側の入り口にあたる（図13参照）。同村は、江戸時代には幕府領で、周辺地域におけ

図13　天草諸島とその周辺

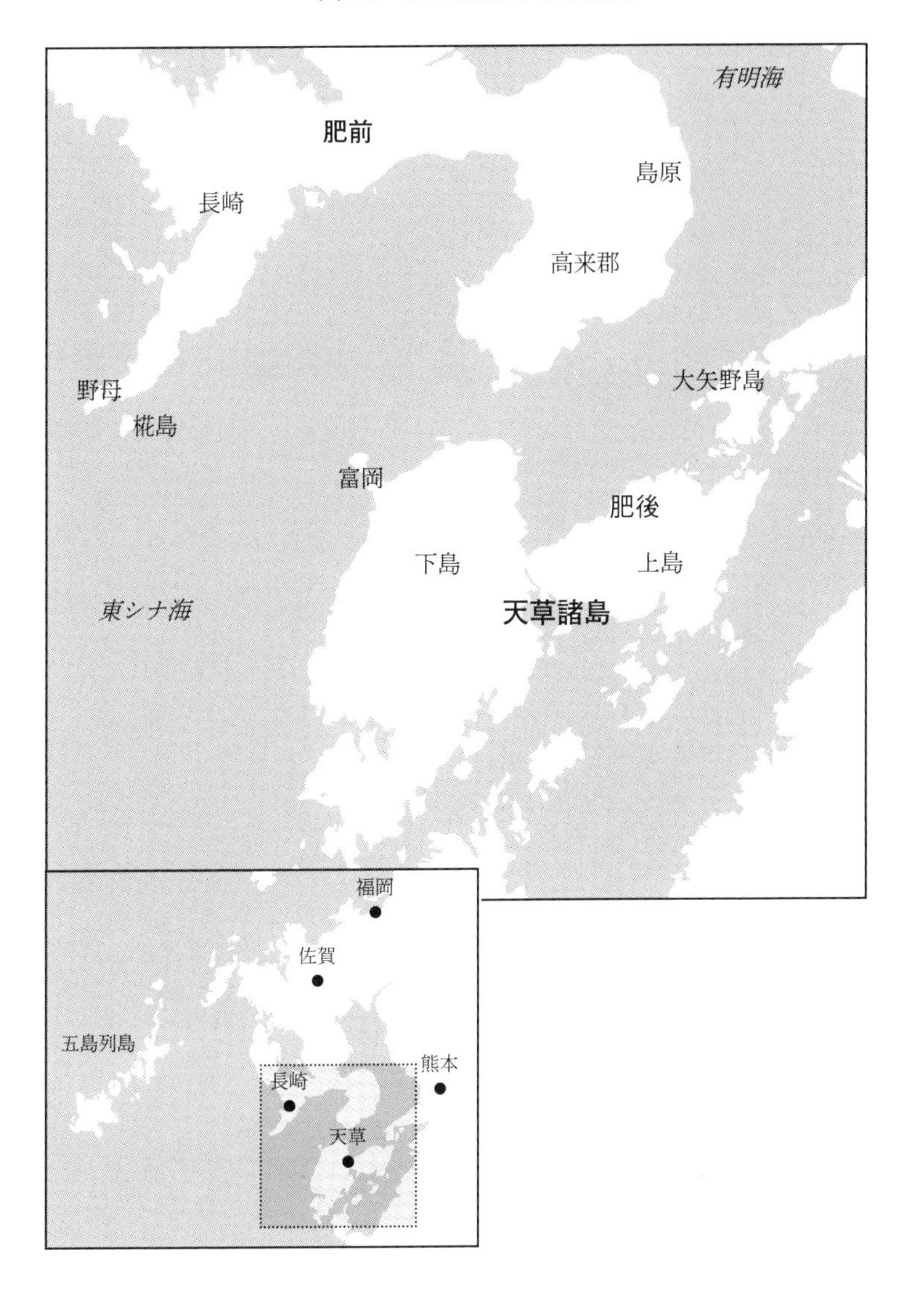

る漁業の中心地であった。

また、野母村にほど近い樺島村は、他地域から来る漁船の寄港地になっており、外来の漁師たちを泊める宿が多数あった。その関係で、外来の漁師たちが樺島村周辺で漁業上のトラブルを起こしたときには、樺島村の者が外来の漁師たちの代理として、トラブルの解決にあたることも多かった。

野母崎半島の沖合では、野母村をはじめ、五島列島や富岡の漁師たちが入り交じって漁をしていたが、明和五年（一七六八）に、野母村の漁師たちと、富岡の漁師たちとの間で争いが起こった。争点は、船上で焚くかがり火の数であった。野母村や五島列島の漁師たちは五艘の船でチームを組み、かがり火一つを用いてイワシ漁を行なっていた。それに対して、富岡の漁師たちは、六艘でチームを組み、二つのかがり火を焚いて漁を行なった。かがり火の数が多いほど、イワシは集まりやすい。そのため、イワシは富岡の漁船のほうに集まってしまう。それが野母村の漁業の妨害になっているとして、野母村が幕府に訴え出たのである。野母村は、富岡の漁師たちもかがり火を一つにすべきだと主張した。幕府が野母村の主張を認めたため、富岡側もかがり火一つで漁をせざるを得なくなった。

しかし、それでは富岡側の漁獲量は減ってしまう。そのため、沖合でイワシ漁を営むために樺島村に寄留する富岡漁船の数は少なくなった。そうなると、富岡の漁師たちを顧客にしていた樺島村の宿屋や商人たちは困ってしまう。そこで、樺島村では、野母村が納める漁業税の半額を自村で負担することを条件に、富岡の漁師たちがかがり火を二つ用いることを認めてほしいと要求し、野母村もそれを了承したので、富岡側は従来通りの操業を続けることができた。

このように、沖合の海域では各地の漁師たちが入り交じって操業することが認められており、漁師たちは魚群を追って広い海域を自由に移動した。しかし、好漁場には多数の漁船が集まったため、漁師たちの間で争いも起こった。そして、争いの結果として、一定の操業ルールが定められて、漁師間の共存が図られたのである。沖合漁場であっても、まったく好き勝手な操業は認められず、そこには一定の秩序が求められた（本項は橋村修氏の研究に拠る）。

4　瀬戸内海

岡山藩による干拓と漁民への補償

次に紹介するのは、瀬戸内海の事例である。瀬戸内海に面して領地をもつ岡山藩では、一七世紀に大規模な耕地の造成が進められた。その一環として、瀬戸内海の埋立て・干拓も行なわれた。

ここでは、元禄（げんろく）五年（一六九二）から元禄七年にかけて造成された、藩営の沖新田（おきしんでん）（新田とは新たに開発された耕地のこと）の場合をみてみよう。沖新田は、総面積約一八二五ヘクタールにおよぶ大規模なものであった（図14参照）。

開発に際しては、周辺の村に住み、所有地が少ないために生活の苦しい百姓たちに新田への移住を促した。新天地で土地を得て、経営を安定させようと、移住を望んだ者も多かっただろう。しかし、その反面で、埋立てによって漁場を失い、漁業を続けられなくなる者も生まれる。それに対して、岡山藩は、次のような文書を出して漁師たちを説得した。

今回の干拓予定地で行なわれている漁業は小魚を獲る小規模なもので、獲れた魚は藩領内のみで売られており、領外へは売り出されていない。したがって、領外から金銀を獲得することには貢献しておらず、領内の金銀を費消しているだけである。

漁獲量の減少に対しては、それに応じて、漁師たちに干拓地を割当てて与えるので、そこを耕地に開発して農業を営めば、漁師たちの収入ははるかに増えるだろう。小魚漁よりも、耕地を増やして農業生産を拡大させるほうが、藩にとっても、漁師たちにとってもよほど利益になる。

この岡山藩の説得の論理は、次のような特徴をもっていた。第一は、農業中心主義である。藩にとっては、漁業よりも農業が大切であった。これは、幕府やほかの大名にも共通する考え方だった。耕地を拡大し、そこからの年貢収入を増やすことが優先されたのである。

図14　沖新田と東野崎塩田および関係村々の位置

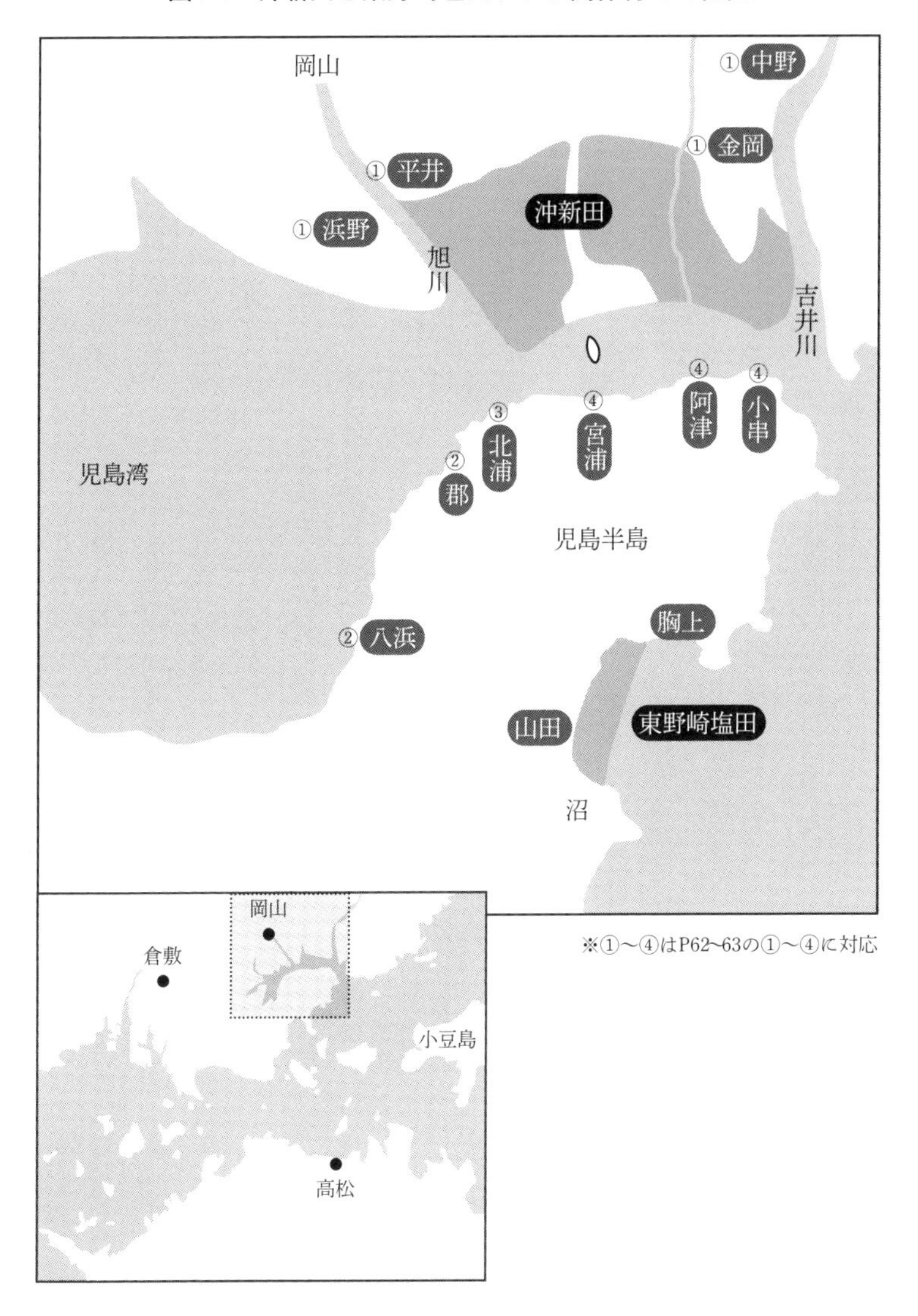

※①〜④はP62〜63の①〜④に対応

第二は、領外からの貨幣獲得を重視していることである。江戸時代の藩、とりわけ岡山藩のような大藩は、なかば独立国家のような性格をもっていた。そのため、今日の世界各国が貿易収支を重視し、できるだけ貿易黒字を増やそうと輸出産業に力を入れているように、岡山藩も領外からの貨幣獲得に貢献する移出品の育成・増産を目指していた。その観点からは、領内のみを販売先としている小魚漁は犠牲にしてもかまわないものであった。

第三点。ただし、藩は、そうした立場を強圧的に漁師たちに押し付けたのではなかった。前記のような文書を示して漁師たちを説得し、彼らの同意のもとに干拓を進めようとしたのである。ここに、領主が民意に配慮する（配慮せざるを得ない）という江戸時代の政治支配のあり方をみることができる。

そうした姿勢に立って、藩は、関係する沿岸一〇か村の漁師たちに干拓についての意向調査を行なった。村々からの回答は、次のようなものだった。

①四か村は、干拓予定地の外にまだ漁場が残っているので、干拓後にそちらで漁業を行なってみて、もし漁獲量が減少するようなら、そのときに干拓地の割当てを願い出ると回答した。

②二か村は、干拓予定地から遠いこともあり、干拓による漁業への影響はなく、干拓地の割当ても希望しないと回答した。

③北浦（きたうら）村は、同村の漁師のうち一六人が干拓予定地内に網を張って漁をしているので、彼らについては、ほかの海域への漁場替えを願いたいと回答した。そして、移った先の漁場で漁獲量が

減少するようならば、干拓地の割当てを希望すると述べている。

④三か村は、干拓による漁業への支障はないが、北浦村の漁場変更が認められると、自村の漁獲量が減るので、その分の補償として干拓地の割当てを希望すると回答した。

以上の回答内容から、②の二か村以外は、直接・間接の差はあれ、干拓によって何らかの影響を被る可能性があると考えていたことがわかる。では、実際はどうだったろうか。①の四か村の一つ、金岡（かなおか）村の場合をみてみよう。

金岡村の周辺では、干拓によって沿岸部の地形が変化したため、村の領海や漁場の範囲についての認識に混乱が生じた。また、金岡村は、村の前の海が埋め立てられて沖新田の一部となったため、それだけ漁場の範囲が狭められた。そこで、従来は利用していなかった海域まで進出して漁を行ない、地元の漁師とトラブルを起こしている。また、それまではほかの村々と共同利用していた漁場から、ほかの村々を排除しようとして、やはりトラブルになっている。

金岡村が争った村々は、いずれも前述の沖新田の沿岸一〇か村には含まれていない。沖新田の開発は、沿岸村々以外の村々をも巻き込んで紛争を引き起こしたのである。漁師たちの生活が、補償措置として干拓地を与えられることで改善したかどうかは残念ながらわからないが、こと漁業に関しては干拓によって混乱と対立という悪影響がもたらされたといえよう。漁業と農業という二つの第一次産業間の矛盾を示す事例である（本項は定兼学氏の研究に拠る）。

大規模な塩田造成に反発し続けた海村

江戸時代の瀬戸内海沿岸では、製塩業がさかんに営まれていた。野崎家は、江戸時代に瀬戸内地方で手広く製塩業を営んだ家である。同家は、文政一二年（一八二九）に、山田村沖の干潟を干拓して大規模な塩田の造成を計画した。のちの東野崎塩田である（61ページの図14参照）。しかし、塩田造成に着手するためには、あらかじめ解決しておくべき課題があった。それは、干拓予定地周辺の沿岸村々に住む漁師たちへの漁業補償の問題である。

野崎家の打診を受けて、周辺八か村のうち七か村は、造成に賛成の意向を示した。塩田が造成されることになれば、村人たちが造成工事の労働者として働いたり、塩田関連の商売をしたりして収入を増やせるからである。この七か村は、漁業をまったく、もしくはほとんど行なっておらず、その点で塩田造成による悪影響はほとんどないという事情もあった。

しかし、関係八か村のうち、胸上村だけは事情が異なっていた。胸上村は、文化一〇年（一八一三）に戸数三七四戸だったが、村には一一〇艘の漁船があった。一戸に一艘ずつとすれば、村の約三割の家が漁船を所有して漁業に携わっていたことになる。漁業は、村の重要産業だった。そこで、同村では、漁業に支障が出ることを理由に、村ぐるみで塩田造成に反対して、次のように主張した。

造成予定地は、胸上村が毎年三月から九月まで漁業を行なっている場所であり、塩田ができれば大勢の漁師たちが収入を失うことになります。また、村人のうちには商売を営む者もいますが、彼らも漁師たちを顧客にしているため、漁師たちと共倒れになってしまい、村全体が困窮に陥ることになります。そこで、その補償措置として、塩田関係の商業や物資輸送の仕事を、胸上村の者に独占的に引き受けさせていただきたい。そうすれば、そこからの収益を漁師たちの助成に充てることができるので、塩田の造成を承認しましょう。

このような胸上村の反対に遭ったため、野崎家は、まず補償措置として米四〇～五〇俵を毎年胸上村に支給しようと提案した。しかし、この程度の補償では胸上村は納得しなかった。そこで、今度は、①毎年、米一〇〇俵ずつを漁師たちに支給する、②塩田関係の物資輸送には、すべて胸上村の船を使う、③塩田造成の労働者として、胸上村の者を多数雇用する、というように補償の上乗せを提示した。それでも、胸上村の者たちは同意しなかった。

その後も、野崎家と胸上村との間で交渉が続けられた結果、最終的には以下のような内容でようやく合意が成立した。

①塩田で生産される塩を扱う問屋の収益の一部を胸上村に渡す。
②毎年、米一〇〇俵分の購入代金を胸上村に渡す。
③塩田関係の物資輸送には、すべて胸上村の船を使う。

さらに、天保八年（一八三七）には、今度は胸上村を含む関係六か村が、塩田が造成されることで排水不良となり、農業に悪影響が出ると言い出し、それに対する補償を要求したため、野崎家はまた新たな補償措置を講じざるをえなかった。村々に毎年米を支給することにしたのである。このように、補償問題が長引いたため、塩田の造成に着手できたのは天保九年（一八三八）のことであった。計画のスタートからはすでに九年が経過していた。

海を埋め立てて塩田を造成するような大規模な土木工事は周囲の景観を一変させ、地元の村人たちの暮らしにも大きな影響を及ぼす。悪影響を被る村人たちは黙って泣き寝入りすることなく、粘り強く交渉して補償を獲得した。

総じて、こうした補償交渉では、双方の主張が折り合わないことが多い。補償額の妥当性をめぐって、両者の主張が対立するのである。東野崎塩田の場合も、補償額が妥当なものだったかどうかについては、一概には判断できない。野崎家と関係村々の双方に、それぞれの言い分があったろう。

しかし、少なくとも野崎家にとっては不満の多い決着であった。野崎家の当主武左衛門は、この補償問題の顚末について、「この地域は、人びとの心がとりわけまがまがしく、さまざまな支障を言い募ったため、毎年多額の補償金を村々に支給することを約束して、ようやく塩田の造成に取りかかることができた。関係各村の人びとは、皆自分の利益ばかりを考えているため、彼らに配慮しつつ計画を進めることの苦労は筆にも言葉にも尽くしがたい」と記している。補償問題の複雑さ、困難さには、今も昔も共通するところがあった。これは、漁業・塩業・農業間のバランスのとり方の難しさを示している（本項は定兼学氏の研究に拠る）。

5　隠岐島

隠岐のアワビ漁と幕府の貿易政策

読者の皆さんは「海士（あま）」という言葉を聞いたことがおありだろうか。「海女（あま）」なら知っているという方は多いだろう。海士と海女は共通点が多い。どちらも、潜水という特殊技能を活用して海中深くまで潜り、海底の貝類などを採取することを生業とする人びとである。ただし、海女が女性なのに対して、海士は男性の場合も多い。だから、「海女」ではなく、「海士」なのである（ただし、読み方は同じ）。以下の話は、この海士が主人公である。

江戸幕府は、海外交易を制限・統制していたが、中国（当時は清（しん）国）・オランダとは貿易を行なっていた。そして、一八世紀後半以降中国向けの主要輸出品となったのが、干しアワビなどの海産物（水産加工品）であった。アワビは海底に生息するから、アワビ採取の主役は海士となる。一般の漁師たちも船上からヤス（貝類を突き刺して採取する道具）などを用いてアワビ漁を行なったが、海に潜る海士のほうが格段に多くのアワビを獲ることができた。

一八世紀末に、幕府は輸出用海産物の生産量減少に悩んでいた。そこで、新たな海産物資源の発掘を目指して、役人を全国津々浦々に派遣して調査に当たらせた。そうした役人の一人である羽倉権九郎(はくらごんくろう)が、享和元年(一八〇一)に隠岐にやってきた。

隠岐は島前(どうぜん)・島後(どうご)の二島からなり、江戸時代には島前に一三、島後に三二の村があった。羽倉は、隠岐の海を調査して、そこにはアワビが豊富に生息しているにもかかわらず、これまではアワビ漁がさかんではなかったという事実を発見する。その原因は、隠岐には海士がおらず、潜水漁が行なわれていないことにあった。そこで、羽倉は、隠岐の漁師たちに、ほかの地域から海士を雇い入れて、彼らにアワビ漁を行なわせることを提案した。

羽倉の提案は、もう一つあった。彼は、隠岐の漁師たちに、毎年一定量の干しアワビ生産を幕府に対して請け負うことを要求したのである。毎年、一定量の干しアワビを確保できれば、輸出品の安定確保を目指す幕府にとっては好都合である。漁師たちにとっても、生産量の増大は収入の増加につながる。そこで、交渉の結果、漁師たちは、毎年およそ五トンの干しアワビ生産を請け負うことになった。

しかし、年間五トンというのは、それまでの隠岐の生産実績を大きく上回るものであった。地元の漁師だけでは、請負目標の達成は困難である。だから、羽倉は、他地域の海士を雇って、アワビの収穫量を飛躍的に増加させるという提案をあわせて行なったのである。地元漁師たちは、海士の進出によって、従来からの漁業活動に支障が出ることを懸念して当初は抵抗を示したが、海士は沖合でのみ操業するという条件を付けたうえで、まずは試しに一、二年ほど、よその海士を受け入れてみようということになった。

そこで、翌享和二年に幕府によって呼び寄せられたのが、八人の九州（長崎）の海士たちであった。彼らには、年五トンの請負額の四分の三を漁獲することが期待された。まさに、海士頼みの請負だったのである。結果として、海士を雇ってのアワビ漁は請負高を上回る干しアワビの生産に結びつき、その意味では大成功であった。このように、島の漁業は、幕府の対外貿易政策と輸出品増産体制の一環に組み入れられていったのである。このとき、隠岐の干しアワビは全国の干しアワビ生産高の一割近くを占めており、海士の導入によって隠岐は干しアワビの一大生産地になっていった。

アワビ増産をめぐる幕府と隠岐漁民のせめぎ合い

長崎海士の試験的導入の成功に自信を得た羽倉権九郎は、享和三年（一八〇三）には本格的な請負体制を開始する。すなわち、肥前国松浦郡平戸（ひぜんのくにまつらぐんひらど）（現長崎県平戸市）の住人青崎宇八（あおさきうはち）に、隠岐での干しアワビ生産を全面的に請け負わせたのである。請負期間は三年間、請負高は年間約六トンであった。さらなる増産が期待されたわけである。青崎宇八は、配下に抱える海士たちと隠岐に来てアワビ漁を指揮するとともに、獲れたアワビを干しアワビに加工するところまで一手に請け負った。

享和二年の長崎海士の試験操業段階では、海士が主体とはいえ、地元漁師もアワビ漁に参加していた。また、幕府と請負契約を結んだのは地元漁師たちであり、海士たちは地元漁師に雇われるかたちになっていた。しかし、青崎の請負においては、アワビの捕獲から干しアワビ加工までの全過程は青崎に一任され、漁師たちはそこには関与しないことになった。また、請負の実質的な主体は青崎であって、漁師たちではなかった。アワビ漁の舞台は隠岐でありながら、隠岐の漁師たちは蚊帳の外に置かれたのである。幕府にとっては、干しアワビが増産されればそれでよく、増産実現のためには隠岐から遠く離れた平戸の者に請け負わせることも厭わなかった。

では、青崎による請負と増産は順調に展開したのだろうか。そうではなかった。海士が連年大量のアワビを獲ったことにより、生息するアワビ数が激減したため、文化三年（一八〇六）には極端な不漁になってしまった。そのため、青崎による請負は、文化四年で打ち切られた。青崎と彼が率いる平戸の海士たちは、アワビの豊富な海を求めて、よそへと移っていったのである。

ただし、これで幕府が請負による干しアワビ増産をあきらめたわけではない。干しアワビは対外貿易の主要輸出品であり、幕府はその確保に懸命であった。青崎宇八が撤退した二年後の文化六年に、また幕府役人（高木作右衛門）が資源調査のために隠岐にやってきた。高木は、この二年間でアワビの生息数が回復していることを確認したうえで、再度隠岐の漁師たちに、九州の海士たちを入漁させるよう要求した。この要求に対して、隠岐の村々の漁師たちは抵抗した。享和三年以降の青崎宇八と平戸の海士たちによる乱獲と資源枯渇を経験した隠岐の漁師たちが反対するのは当然だった。

しかし、幕府の姿勢は強硬だった。九州の海士の入漁を拒否するなら、九州の海士が請け負うのと同量の干しアワビ生産を隠岐の漁師たちが請け負えと迫ったのである。請負高のつり上げであった。とうとう、隠岐の漁師たちは、九州海士の入漁拒否と引き換えに、従来以上の干しアワビ生産を請け負うことになってしまった。この後も、他地域の海士を入漁させて干しアワビの増産を目論む幕府と、アワビ資源の保護を掲げてそれに抵抗する隠岐漁師たちのせめぎ合いは続いていく。

以上の隠岐の事例では、他地域の海士の入漁と干しアワビ生産の請負という二つの問題が絡み合っていた。是が非でも確実に干しアワビを確保したい幕府は、隠岐の漁師たちに、毎年一定額の干しアワビを必ず生産するよう、定額の請負制を要求してきた。そして、幕府の要求する請負額は、漁師たちの従来の生産量を上回るものだった。そのため、幕府は、地元にとっては過大な請負額を実現するために、よその海士の入漁をセットで提案したのである。

漁業の機械化が進んだ今日では、潜水漁法は牧歌的な伝統漁法と認識されているが、江戸時代においては最先端の高度な漁法であった。隠岐の漁師たちがもたない潜水という海士の特殊技能は、幕府の国家的貿易政策に不可欠の能力として活用された。しかし、海士の能力が優れていればいるほど、アワビは短期間に獲り尽されてしまう。幕府としては、隠岐でアワビを獲り尽したら、海士をアワビが豊富な別の地域に派遣すればよい。

しかし、隠岐の海に生きる地元の漁師にとっては、隠岐のアワビ資源こそがすべてである。そのため、地元の漁師たちにとって、よそから来る海士たちは、その高度な能力ゆえに資源を荒らす敬遠すべき存在であった。高い生産力はときに乱獲と資源の枯渇をもたらすのである。漁業技術面における海士の地位は江戸時代と現代で大きく転換したが、生産量の増大と資源保護とのバランスのとり方が重要だという点については時代を超えた共通性があるといえよう（隠岐についての記述は高橋美貴氏の研究に拠る）。

6　関東

金谷村の漁業集落と農業集落の対立

今度は、関東地方の海村をご紹介したい。江戸時代の村は、その内部に複数の集落がある場合が多かった。つまり、行政単位としては一つの村であっても、村人たちは必ずしも一か所にかたまって住んでいたわけではなく、村内何か所かの集落に分かれて居住しているケースが広くみられた。そして、海沿いの村の場合、一つの集落の住民が漁業を主な職業とし、ほかの集落の住民は農業を主な職業としていることがあった。ただし、漁業を生業としている者も、身分的には百姓である。ここでは、そうした村の事例として、上総国天羽郡金谷村（現千葉県富津市金谷）を取り上げよう。

金谷村では、漁業集落を浜方、農業集落を地方と呼んでおり、地方は四つの集落からなっていた。なお、ほかの村では、農業集落を岡方と呼ぶ場合が多い。天保九年（一八三八）には、浜方の百姓一九八戸のうち漁師一七五戸、商家一八戸、その他五戸であり、地方の百姓二二八戸のうち、農家二〇五戸、商家一七戸、その他六戸であった。つまり、浜方はそのほとんどが漁師であり、農家は一戸もないのに対して、対照的に地方はそのほとんどが農家であり、漁師は一戸もなかった。浜方と地方では、職業構成がまったく異なっていたのである。

金谷村では、天保二年（一八三一）に、浜方と地方の間で争いが起こった。同年二月七日に、浜方の代表が地方に対して、漁業の支障になるので、今後は地方の百姓が磯辺でアラメ・ワカメなどの海藻を採取しないよう申し入れた。そして、二月一五日ころからは、浜方で海辺に番人を配置し、地方の女性や子どもが採取して干しておいたアラメ・ワカメなどを没収した。

それに対して、地方では、二月二七日に、浜方に対して、次のような対抗措置をとった。まず、それまでは浜方の漁師が網を干す場所として、地方の百姓が所有する海辺の土地を提供してきたが、今後は提供しないことにした。また、それまでは浜方百姓が地方百姓の所有する山に入って燃料用の落ち葉をとることを認めてきたが、以後は浜方百姓が山に入ることを禁止した。

そこで、浜方では、四月七日に、当時金谷村を支配していた幕府の役所に訴え出た。その要旨を、次に示そう。

金谷村では、古来、地方の百姓は漁業をせず、浜方の百姓は耕地を所有しない仕来り（しきたり）でした。ところが、近年、地方の者たちが小船を購入して、たくさんのアラメを採取して、江戸に向けて売り出しています。アラメが繁茂している場所は、伊勢エビや魚たちの絶好の隠れ場所になっていましたが、アラメが切り取られたため、伊勢エビや魚が獲れなくなってしまいました。

浜方から地方に対して、繰り返しアラメの採取をやめるよう申し入れましたが、聞き入れません。今年の春にも地方と掛け合いましたが、地方ではまったく取り合わず、かえって多量のアラメを切り取る始末です。そこで、浜方では、仕方なく、海上と陸上の両方に番人を置いて、地方の者のアラメ採取を取り締まりました。すると、地方の百姓たちはどういうつもりか、浜方の者の落ち葉採取を禁止し、また浜方の者が網干しのために海辺の土地に入ることも禁じました。

そこで、漁師たちは地方の土地で落ち葉をとることを控えていましたが、地方側ではさらに、海辺の土地に毎日四、五人ずつ番人を出して、漁師たちが網を干すのを阻止するという行動に出ました。そのため、漁師たちは、それまで使っていた場所で網を干すことができず、たいへん困っています。

　また、浜方の者たちは古来、地方の者たちの所持する山に入って落ち葉を拾い取ってきましたが、他方で地方の者たちには耕地の肥料にするための海藻などをとらせており、これはお互い様です。海藻などは高値でよその村に売れるのですが、落ち葉拾いの対価だと思って、地方の者たちにとらせてきました。

　網干し場が使えないため、浜方の者たちは漁業ができず、魚を江戸の魚問屋に送ることができません。そのため、魚問屋たちから催促を受けることになって困惑しています。どうか、前々からの仕来りどおりに、網干し場の使用と落ち葉拾いができるようにしてください。以上、お願い申し上げます。


　浜方の主張は、以上のようなものであった。すなわち、浜方では、地方の者による肥料用の海藻の採取は以前から認めてきた。海藻を、自分の所有する耕地の肥料にするのはよかったのである。ところが、近年、地方の者たちはそうした範囲にとどまらず、大量のアラメを採取して、江戸向けの商品として出荷するようになった。そうなると漁業に悪影響を及ぼすので、浜方の者たちはそれを禁止したのであり、浜方からすれば当然の措置であった。ところが、地方側はそれに対抗して、浜方が旧来ずっと行なってきた網干し場使用と落ち葉拾いを不当にも禁止した。したがって、非はすべて地方側にあるというのが、浜方の主張であった。

金谷村騒動の和解

これに対して、地方側では、四月一一日に、幕府に次のような内容の反論書を提出した。①地方の者たちは海藻を切り取って田畑の肥料とし、アラメ・ワカメ・ヒジキは食用にしてきた。そして、海藻を切り取らせてもらう代償として、浜方の者たちには落ち葉を拾わせてきた。②ところが、このたび、浜方から突然アラメ・ワカメの採取を禁止された。③ついては、以後は浜方の者たちの落ち葉拾いは認められない。

こうした地方の認識は、地方の海藻とりと浜方の落ち葉拾いが交換条件であるという点では浜方と一致している。しかし、そうした従来の慣行を浜方が一方的に破って海藻とりを禁止してきたのであり、非は浜方側にあるというのが、地方の言い分であった。

両者の対立は幕府によって審理されることになったが、同時に両者の交渉による和解の道も模索された。そして、争いが勃発した二月から半年後の八月に、ようやく和解が成立した。和解内容は、次のとおりである。

①地方の者が田畑の肥料にする海藻を採取するときには、採取を開始する初日に、地方から浜方へその旨を通知する。また、アラメは一切切り取らない。
②網干し場については、海岸沿いの空地を、その所有者と交渉して借り受けることとする。
③浜方の百姓は、地方の山林へはけっして立ち入らない。

④地方の百姓は、海面へはけっして立ち入らない。

和解内容の①にあるとおり、地方の百姓による肥料用の海藻採取は認められた。ただし、アラメの採取は禁止され、その点では浜方の主張が通っている。地方は以後販売用のアラメ採取はできなくなった。

網干し場については、従来は地方の者の所有地を、浜方の者が慣行的に利用してきた。そこには明文化された契約書もなければ、借地料の授受もなかった。それが、②のように、以後は、浜方の漁師と地方の土地所有者との個別の貸借関係として明確化されたのである。③では、浜方百姓の落ち葉拾いが禁止された。一方、④では、地方百姓の、海藻とり以外での海面立入りが禁止された。それまでは地方百姓も時には漁をしてきたが、以後はできなくなった。

ここに、浜方の落ち葉拾いと地方の海藻とりとの交換関係、相互依存関係は終わりを迎えた。地方の海藻とりは条件付きで認められたものの、開始時の浜方への届け出制やアラメの採取禁止など、制限が強化された。また、地方の百姓による漁業は禁止された。そのため、浜方百姓の活動範囲は海上へ、地方百姓のそれは陸上へと、いっそう明確に区分され、両者の接点はより少なくなった。行政単位としては一つの村でありながら、その内部の浜方と地方は、生業面における独立性をより強めていったのである。

それでも、金谷村の場合は行政単位としては一つの村であり続けたが、ほかの海岸沿いの村のなかには、漁業集落と農業集落との対立によって、漁業集落が行政単位としても農業集落から分離して、独立の村になりたいと主張する例もみられた。

また、金谷村での争いの背景には、地方の者たちが、販売目的でアラメをそれまで以上にとり出したことがあった。浜方にとって、それは自分たちの生業の領域の侵害にほかならず、この争いは浜方が地方の海上進出を阻止しようとして起こった。そして、浜方はかなりの程度、その目的を達成したのである。このように、同一の村に住んでいても、浜方百姓（漁師）と地方百姓（農民）との間には時に深刻な利害の対立が生じたのであった（金谷村についての記述は後藤雅知氏の研究に拠る）。

「森」が海と魚をはぐくむ

ここでは、海と森の密接な関係について述べよう。漁業自体はもちろん海で行なうわけだが、その成否には陸上の自然環境も大いに関係していた。海岸に接する森林が、漁業にとって重要な役割を果たしていたのである。たとえば、樹影が付近の水域に影を落とすことによって、そこが小魚類にとっては格好の休息の場となり、また敵から逃れる便を与えた。

樹木の枝葉が落ちることで水面に植物質をもたらし、その腐蝕にともなって魚類の好む水中微生物が増殖した。また、森林中に生活する昆虫類が風雨などで常に海面に落下し、魚類の餌となった。さらに、森林の繁茂は水温を調節し、アルカリ塩類の含有量を増して、海藻類を繁茂させた。海藻の茂る所は、魚の隠れ家や産卵場所として最適だった。そのため、森のそばには魚が集まり、絶好の漁場となったのである（魚附林）。

樹林に海鳥が棲息・繁殖し、群れをなして魚群の来遊を知らせるため、漁師が森林とともに海鳥を保護している所もあった。また、付近の河川からの汚濁した淡水の流入が海水魚を駆逐するのを防ぐために、上流の水源地での森林育成に努めている事例は各地にみられた。このように、海岸近くの森林の存在は漁業の盛衰を左右したのであった。漁業のためには森林を保全することが必要であり、江戸時代には漁師たちがそれを行なってきたのである（本項は丹羽邦男氏の研究に拠る）。

栃木の「麻」と九十九里の「イワシ」の蜜月関係

先にみた瀬戸内海や金谷村の事例は漁業と農業の共存の難しさを示していたが、漁業と農業とは補い合う関係でもあった。海村の人びとは、漁獲物の販売収益によって暮らしを維持しており、その取引関係は広範囲にわたっていた。海から遠く離れた内陸部の村々ともさまざまな関係を取り結んでいたのである。以下、その具体例を紹介しよう。

江戸時代の後半になると、鹿沼を中心とする下野国（現栃木県）都賀郡では、衣料の素材になる麻の栽培がさかんになり、麻を商う商人たちが村々に増加した。その一人、板荷村の福田弥右衛門は、安永二年（一七七三）一〇月二〇日に、麻を売り込む商売の旅に出た。行先は、房総半島東岸の九十九里浜である。麻荷物は、船や馬に積んで、別便で下総国匝瑳郡八日市場村の鹿島屋平八宅まで送った。福田弥右衛門と鹿島屋平八とは、それまでも商取引関係があったのだろう。弥右衛門は、鹿島屋を拠点として、九十九里浜の海岸沿いの村々を廻って麻を売り歩いた。得意先は、大規模なイワシ地曳網漁を営む村々の網元（漁業経営者）たちである。

なぜ、弥右衛門は、商売先に九十九里浜を選んだのか。それは、麻が漁網の素材に適していたからである。漁網は藁で作られることもあったが、麻は伸縮性があって腐りにくいので、藁よりも漁網の素材に向いていた。しかし、その代わりに、それなりの費用がかかった。それでも、一八世紀になると、地曳網漁によって財を成した網元たちは、漁網素材として麻を求めるようになった。当時、九十九里浜全体では約五〇か村に数百人の網元がおり、彼らが高品質の都賀郡産の麻を好んで購入した。麻が強靭だといっても、漁をすればそのたびに漁網は傷むので、その修理や新調のために、麻の需要は常にあった。九十九里浜一帯には、恒常的に麻の購買市場が存在したのである。

当初、網元たちは、江戸の麻問屋を通して麻を購入していた。麻は産地から江戸に送られ、江戸問屋の手で九十九里地方にもたらされたのである。しかし、江戸の問屋を通さずに、産地から九十九里浜に麻を直送したほうが、産地商人にとっても九十九里浜の網元にとっても都合がいい。江戸問屋に中間で儲けさせることはないのである。産地直送は時間も距離も費用も節約できるので、麻作農民にも九十九里浜の漁師にも好都合だった。そこで、都賀郡の商人たちの産地直送・販売が始まった。福田弥右衛門も、そうした商人たちの一人だったのである。

麻商人たちは、九十九里浜から手ぶらで帰ったのではなかった。江戸時代には、イワシはもちろん食用にされたが、それ以上に肥料として重要だった。獲れたイワシを日に干して乾燥させたものを干鰯（ほしか）という。干鰯は、化学肥料のなかった江戸時代にあっては貴重な肥料であり、とりわけ江戸時代後半には全国的に大量の需要があった。九十九里浜のイワシ地曳網漁は、そうした肥料需要に応えていたのである。

麻作にとっても、干鰯は不可欠であった。そこで、麻商人たちは、九十九里浜で麻を売り歩くかたわら、干鰯を買い集め、それを都賀郡に送っていた。九十九里浜産の干鰯は麻作農民たちに歓迎され、麻の生産拡大に貢献した。このように、麻は九十九里浜の漁業にとって、干鰯は都賀郡の麻作農業にとってそれぞれ必需品であり、麻商人たちは遠隔の九十九里浜と都賀郡を双方向的に結びつけ、双方に安価な品物をスムーズに供給する重要な役割を担ったのである。このようなかたちでも、漁業と農業は相互補完的に結びつきつつ発展していった（本項は平野哲也氏の研究に拠る）。

漁民はなぜ、相撲取り体形かつ大酒飲みだったか

江戸時代の九十九里浜のイワシ地曳網漁は、全国的にみてもきわめて大規模なものであり、船乗りや浜で網を曳く者たちなどすべてを含めると、一つの地曳網に数百人が関わっていた。網の基本的な構造は、先にみた静岡県沼津市域のものと共通しており、長大な帯状の網に袋網が付い

たものだった。二艘の船で網を両側から曳いてイワシを囲い込み、浜に漕ぎ寄せる。そして、浜で待っていた者たちが網を受け取って、浜へ曳き揚げるのである。

九十九里浜で特徴的なのは、網が浜に近づくと、船に乗っていた漁師が海に飛び込み、浅瀬に立って袋網の口を縛り、イワシが逃げられないようにすることである。そして、浜にいる者たちと協力して、網を浜へ曳き揚げた。そのため、漁師たちには、船や網を操る技術とともに、泳力や、長時間海中にいられる耐寒能力が求められた。

九十九里浜では、網元や漁師たちが、豊漁を祈願するために、漁のようすを板などに描いて神社や寺に奉納した。これを絵馬（えま）という。それらをみると、海中で働く漁師たちは相撲取りのような体形で描かれている。実際に、草相撲（アマチュア相撲）の力士や、江戸の大相撲の力士経験者が、漁師として雇われることもあった。相撲取りのような体形が理想とされ、本当の相撲取りでなくても、そうした体形の者が漁師として雇われることが多かった。長時間の海中作業には、耐寒の面で相撲取り的な体形が適していたのであった。

相撲取り体形が求められたのは、耐寒能力のためばかりではない。地曳網漁は、網ごとに操業場所が明確に決められていたわけではなかった。そのため、イワシの群れを追って網同士が競合し、争いになることもあった。暴力沙汰に発展することもあり、時には竹槍・鳶口（とびぐち）（棒の端にトビのくちばしのような鉄製の鉤（かぎ）をつけたもの）などの武器も使用された。そうした争いに勝つためには、相手を威圧する相撲取りのような体形の者が必要だったのである。そのため、漁師には農民とは異なる身体が求められた。

また、海中での体温低下を防ぐためには酒も必要だった。そのため、漁師たちは日常的に酒を飲んで海に入り、また酒の勢いが争いをエスカレートさせることもあった。漁村は、酒の一大消費地でもあったのである（本項は真鍋篤行氏の研究に拠る）。

7　琵琶湖

湖岸の村人たちの植物採取と生態系

次に、目を近畿地方に転じて、海ではないが、琵琶湖をめぐる人と自然の交渉の歴史をたどってみたい（以下の琵琶湖についての記述はすべて佐野静代氏の研究に拠る）。そこには、同じく水辺に生きる人びとの暮らしがあった。江戸時代における琵琶湖沿岸の植物相をみると、より沖のほうには水中に各種のモなどの水草が生え、それより岸に近い所にはヨシ・スゲ・マコモ・ガマなどが水面上に茎を伸ばし、岸辺にはヤナギなどの林があった。沿岸の植物は、おおよそこうした三つのエリアを構成していた。

このうち、岸辺に近いヨシ・マコモなどの群落は、湖岸の村人たちにとってとりわけ重要な意味をもっていた。ヨシは、民家の屋根を葺く材料となり、簾の素材や薪代わりの燃料にもなった。マコモは牛馬の飼料に用いられたし、スゲは菅笠や縄の素材になった。また、枯れたヨシなどが泥炭化したものは「すくも」と呼ばれて、燃料に用いられた。このように、ヨシなどは多様な用途に役立ったため、毎年大量に刈り取られた。

しかし、それは自然にとってマイナスだったわけではない。人が刈り取らなければ、枯れた植物はそのまま湖岸に堆積し、その結果湖岸はしだいに陸地化してヤナギ林などになっていく。しかし、人の手が入ることによってそうした陸地化は阻止され、ヨシなどの群落はそのままのかたちで維持される。村人たちによる植物採取は、結果として水辺の植生を維持する効果をもったのである。

また、湖の沖に生えるモなどの水草は肥料として重要だった。琵琶湖北部の沿岸村々では、一八世紀後半以降になると養蚕業がさかんになった。高級織物である絹織物の素材としての生糸の需要が高まったからである。そこで、蚕の餌にする桑を植えた桑畑の面積が拡大していき、桑の肥料として水草が多用された。

一方、琵琶湖南部の沿岸村々では、一八世紀後半以降に水田の裏作として菜種がさかんに栽培されるようになった。灯火用として、菜種からとれる油の需要が増加し、価格が上昇したためである。そして、こちらでは水草は冬の菜種作の肥料に用いられた。このように、琵琶湖の北部・南部ともに、水草の採取が活発化したのは一八世紀後半以降のことであり、それは全国的な生糸や菜種の需要の高まりに刺激されたものだった。

そして、水草の採取も、ヨシなどの採取と同様の効果をもっていた。水草は人が採取しなければ、枯れて堆積し、その結果そこはしだいに湿地化していく。水草採取は湿地化を阻止し、浅瀬をそのままに保つはたらきをしたのである。

さらに、ヨシ・マコモなどや水草の採取は、植物が吸収した水中のリン・窒素を陸上へと除去する役割を果たした。それが、琵琶湖の水質浄化という意図せぬ効果をもたらしていたのである。村人たちの植物採取が自然破壊につながるのではなく、水辺の植生維持と水質保全に役立っていたといえる。もちろん、それは巧まざる効果であって、当の村人たちは自らの農業生産の維持・発展のために植物採取を行なっていたのであり、自然保護を主目的としていたわけではなかった。意図せぬ結果として、環境保護に貢献していたのである。

山の荒廃がなぜ、琵琶湖のシジミ量を増やしたか

ここまでは漁業というよりも水生植物採取の話だったが、琵琶湖ではもちろん漁業も行なわれていた。主な漁獲対象となったのは、フナやコイである。フナやコイは、春から初夏の繁殖期には群れをなして湖岸に近づき、水草やヨシの根元に産卵する。それを捕獲すべく、ヨシの間に「エリ」が仕掛けられた。エリとは、魚を誘い込んで捕獲する罠の一種である。

一八世紀になると、京都の料理屋のなかで、店内に生け簀（いけす）を設けて、そこに生きた魚を泳がせ、

それを刺身にして客に提供する店が人気となった。生け簀で飼われたのはコイ・フナ・ウナギなどの川魚であり、フナは琵琶湖産のものが多く用いられた。琵琶湖のエリで獲れたフナを、水を張った桶に入れて、人が担いで京都まで運んだのである。

こうした京都におけるフナの消費拡大に対応するため、一八世紀後半になると、それまでの単純な構造のエリに代わって、精巧で複雑な構造のエリが出現するようになり、それによってフナの漁獲量増大が目指された。こうなると、エリ漁はもはや素朴な自給的漁業ではなくなり、販売目的の商業的漁業（漁獲物を販売して利益をあげることを目的とした漁業）へと変化していった。先にみた桑・菜種栽培と同様に、京都をはじめとする各地における消費需要の拡大が、琵琶湖沿岸村々の農業・漁業に刺激を与え、それが村人の琵琶湖での生業活動をいっそう活発化させたのである。

また、一八世紀半ば以降になると、琵琶湖でのシジミ漁も活発化した。シジミの生息地が拡大したからである。その原因は、琵琶湖周辺の山地の荒廃（はげ山化）であった（はげ山化とシジミの生息地拡大の関係は後述）。現在のわが国は、国土の約七割が森林である。そこから、江戸時代には森林がもっと豊かに広がっていただろうと思われやすい。しかし、それは正しくない。かつては多くの地域でススキ・ササなどの草原が広がっており、草原のなかに木があっても、それはツツジ・小松などの低木であることが多かった。また、はげ山も各地にみられた。

それは、百姓たちが、田畑の肥料や牛馬の飼料を獲得するために、山野において人為的に高木の生育を抑制して、草原の状態を維持しようとしたからである。高木が生い茂ると地表まで陽光が届かず、そのため草が育たないのである。化学肥料のなかった江戸時代においては、山野で採取する草や木の葉が主要な肥料だった。江戸時代に肥料・飼料供給源として必要とされた草地は、控えめにみても農地の五倍前後、おそらくは一〇倍前後だったと思われる。膨大な面積の草地が必要だったのである。

全国的に、江戸時代の山野には、植生がかなり低い部分や、はげ山も少なくなかったのであり、高木の森林が続く所は稀であった。植生の低い場所やはげ山になった場所は、長年にわたって落ち葉まで取り尽くすほど植生を酷使したため、樹木が成長しにくい痩せた土地になってしまったのである。

江戸時代の人々も、必ずしも常に環境にやさしかったわけではない。日本は昔から変わらぬ「森の国」であり続けたわけではなかった。江戸時代の百姓たちは、一面では自然に負荷をかけ続け、樹木の繁茂を抑制し続けていたのであり、「江戸時代はエコ時代」「自然にやさしい江戸時代」といった評価は限定付きで考える必要がある。江戸時代にも、自然破壊は存在したのである

(以上の山野についての記述は、小椋純一・水本邦彦両氏の研究に拠る)。

話をシジミ漁に戻そう。琵琶湖でシジミが増えたのは、はげ山化と関係があった。琵琶湖周辺の山々のはげ山化によって、山地からの土砂の流出が激しくなった。土砂が琵琶湖に流れ込み、湖底に堆積した結果、湖底の砂地面積が拡大した。そのため、砂地を好むシジミの生息数が増え、

シジミ漁がさかんになったのである。そして、シジミ漁は二つの効果をもたらした。

一つは、湖水中のリンや窒素などの有機物を体内に取り込んだシジミを漁獲することによって、リンや窒素を湖外に除去することになり、それが水質浄化につながったのである。水草やヨシなどの採取やフナ漁と同様に、シジミ漁も、それが適度に行なわれる限り、図らずも生態系の維持・保全に役立ったといえる。

もう一つは、シジミの肥料としての役割である。シジミの身は食用にされたが、貝殻を焼いた灰は肥料に用いられた。それは、山野の荒廃による植物肥料の減少を補う役割を果たし、山野の植生の回復を促した。山野の荒廃の結果増えたシジミが、今度は山野の荒廃を押しとどめるのに役立ったのである。ここからも、水と山、漁業と農業が相互に深く関連していることがわかる。

第二部　海の男たちの三〇〇年史

戦国、江戸、明治――伊豆半島の海村を深掘りする

第一章

伊豆半島の海村の古文書、発見

伊豆半島の「内浦・静浦・西浦」とはどのような地域か

第一部では、各地の海村の個性的なすがたと、そこで繰り広げられる百姓たちの営みを紹介してきた。ここからは、ガラリと方法を変えて、一つの地域にこだわり、そこを多方面から深く掘り下げることを通じて、海に生きる百姓たちに光を当てていきたい。本書で対象に選ぶのは、伊豆半島の西海岸、半島の付け根に位置する地域であり、現在は静岡県沼津市に含まれる。江戸時代の当地域は、内浦・静浦・西浦と呼ばれていた。まず、当地域の概要を述べておこう（図15参照）。

当地域が面する駿河湾は東部において伊豆半島の北西の付け根部分に深く湾入しており、この部分を奥駿河湾という。大瀬崎と狩野川の河口を結んだ線より東側の部分である。奥駿河湾の東端にはさらに二つの小湾があり、淡島を挟んで北側を江浦湾、南側の長井崎までを内浦湾（三津湾とも）という。内浦湾に面した一帯が内浦、江浦湾とその北部の海に面した一帯を静浦という。また、内浦の西方、大瀬崎までの一帯を西浦という。

内浦は海岸近くまで険しい山が迫り、平地は少ない。海底には岩石が多く、ところどころにネ（根）と呼ばれる岩礁（海底の隆起）があった（94ページの図16参照）。西浦地域も山裾が海に迫り、海底にはあちこちにネがあるが、内浦ほど海岸線の出入りは激しくない。ネや岬・小島によって区分された小区域はホラ（洞）といい、絶好の漁場となっていた。ホラは網戸（網戸場、網度）と

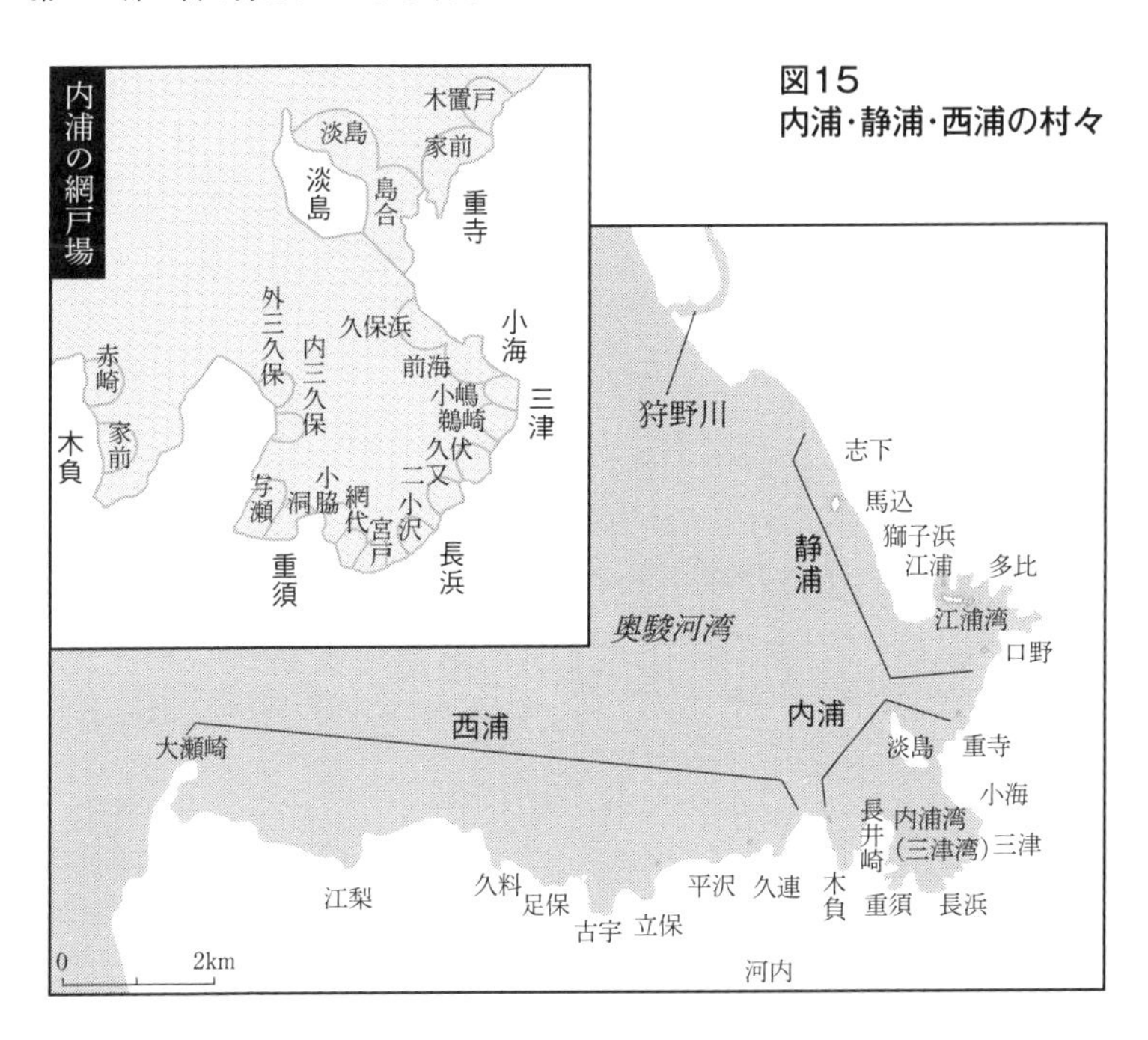

図15
内浦・静浦・西浦の村々

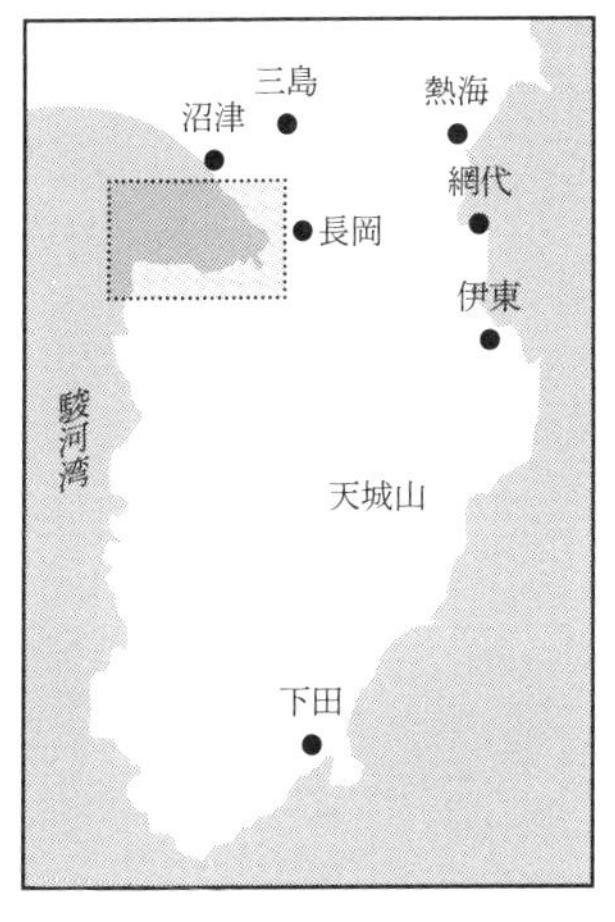

出所：上の二つの地図は、中村只吾「地域経済との関係からみた近世の漁村秩序」(『関東近世史研究』七六号)に掲載の図をもとに作成

図16　大川家(屋号大上)文書　「長浜村海面絵図」部分　明治6年6月

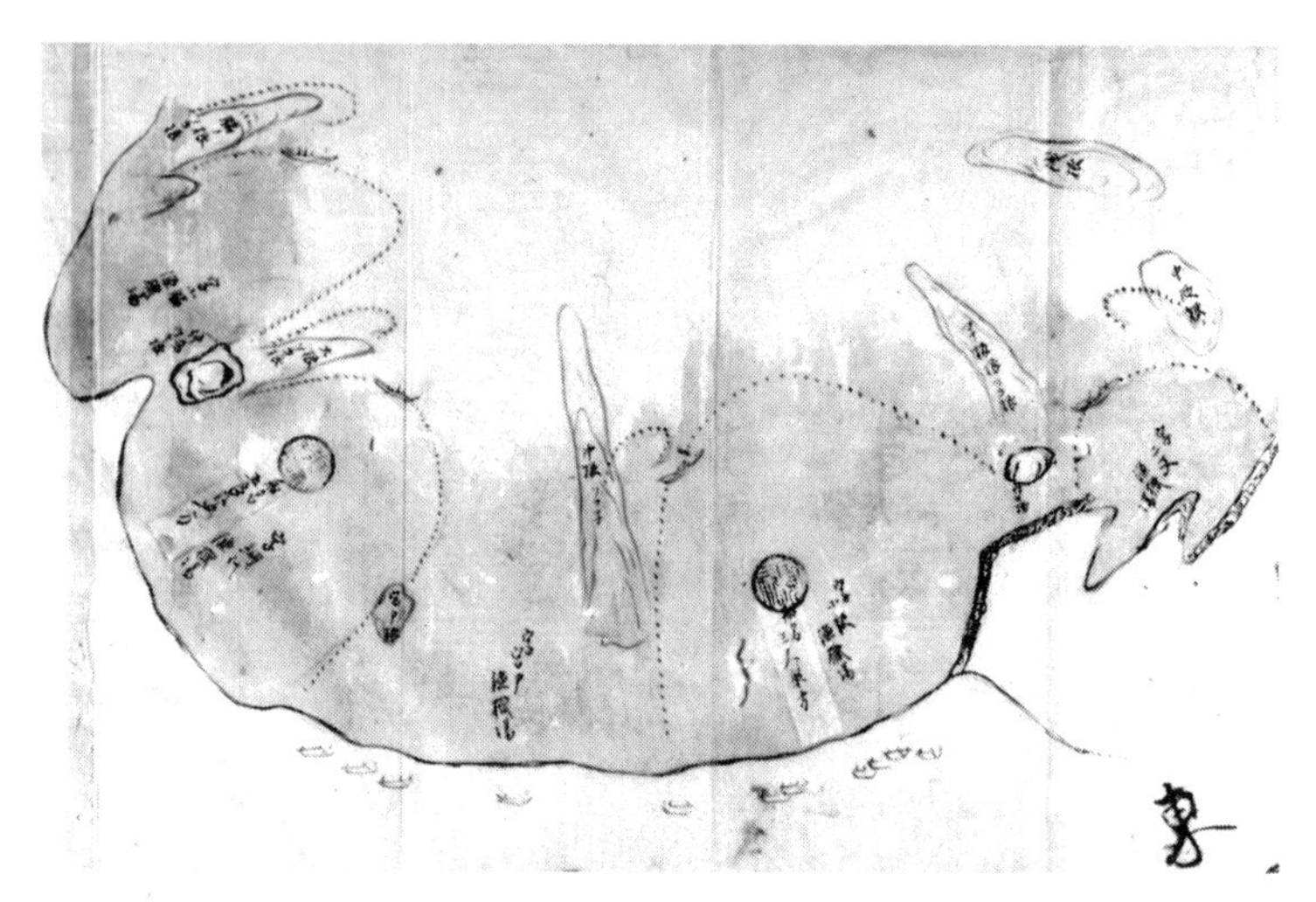

長浜村の前海を描いた図。図中の海面上の点線は漁網を示し、この漁網(点線)で囲まれた部分が網戸である。網戸と網戸の境は海底のネ(根)で区切られていた

出所：大川宏和氏所蔵、沼津市歴史民俗資料館保管

も呼ばれ、この網戸を単位に漁業権が設定されていた。

江戸時代には、内浦に重寺・小海・三津・長浜・重須・木負の六か村、静浦に志下・馬込・獅子浜・江浦・多比・口野の六か村、西浦に久連・平沢・河内・立保・古宇・足保・久料・江梨の八か村が存在した。なお、河内村だけは海に面していない。

内浦六か村の概況を、表1に示した。いずれの村の村高（村全体の石高）も標準より少なく（標準は四〇〇～五〇〇石）、これは村の耕地が少ないことを示している。この程度の耕地では、とても農業のみでは暮らしていけない。津元や網子というのが

表1　19世紀前半における内浦6か村の概要

	村高(石)	戸数	戸数のうち津元	戸数のうち網子	戸数のうち漁業に携わらない家	浮役米(石)	網戸(=網組)数	1網組の網子人数
重寺	27.67	67	4	59 (1戸に1人)	2	6	4	14〜18 (明治15年)
小海	21.56	30	4	?	?	4.25	2	8
三津	162.8	100	3	24 (1戸に1人、1人は他村より抱え)	74	7.75	3	?
長浜	43.53	40	3	30 (1戸に1人)	7	14.7	5	6
重須	151.74	54	2	14 (3人は他村より抱え)	41	5.35	3	7
木負	75.69	60	5	17	38	1.9	2	8

出所：中村只吾「地域経済との関係からみた近世の漁村秩序」（『関東近世史研究』七六号）に掲載の表をもとに作成

漁師で、前者が網元、後者が平漁師である。また、網戸は漁場、浮役（うきやく）は網戸単位に賦課される漁業税、網組（あみぐみ）は漁師たちの操業チームである（くわしくは後述）。

長浜村を例にとれば、村高は四三石余、戸数四〇戸、そのうち津元が三戸、網子が三〇戸、漁業に携わらない家が七戸であった。村人の大半が漁師だったのである。村には五か所の網戸があり、網組も五組あった。一つの網組には六人の網子が所属していた。五つの網組で合計三〇人となる。そして、米一四石七斗の浮役を納めていた。

太平洋を流れる黒潮は、奥駿河湾に入ると伊豆半島の西岸に沿って南下する。この北からの流れが江浦湾や内浦湾に入ったあと西浦に向かい、大瀬崎から外洋へ出て行く。この潮の流れに乗って、マグロ・カツオなどの大型回遊魚が内浦・西浦の沿岸にやって来る。この魚を運ぶ潮の流れを魚道（ぎょどう）といった。魚の通り道である。内浦湾は岸近くの水深が深いため、魚は岸辺まで寄って来る。内浦は、漁業には絶好の地理的条件を備えていた。

内浦湾に至る魚道をよりくわしくみると、淡島の北で、淡島と伊豆半島の間を通る流れと、淡島の西側から内浦湾に入る流れとに分かれて南下した。そのため、淡島との間の海峡部を遮断して漁ができる重寺村と、淡島の西側からの流れが向かう真正面に当たる長浜村が、内浦諸村のなかでももっとも有利な位置にあった（図17参照）。

江戸時代の当地域は、幕府の直轄領や大名・旗本の領地が入り交じっており、時代による領主の変遷も少なくなかった。したがって、各村は、それぞれの領主の支配を受ける一方、領主の異なる複数の村が関わる問題については、幕府（具体的には三島（みしま）や韮山（にらやま）に置かれた幕府の代官所）の指示を受けた。また、漁業のやり方など複数の村々に共通する事項については、領主の違いを超えて、関係村々が自主的に協議し、取り決めを結んだ。

戦国期以来の内浦の古文書を発見した渋沢敬三

本書で当地域を取り上げるのは、そこに戦国時代以降の古文書が豊富に残されているからである。しかし、旧家の蔵に眠る古文書は、誰かがそれを広く一般に紹介しなければ、その価値が世に知られることはない。当地域の村々に伝わる古文書を世に出したのは、専門の歴史研究者では

図17　内浦村々の網戸の位置と名称

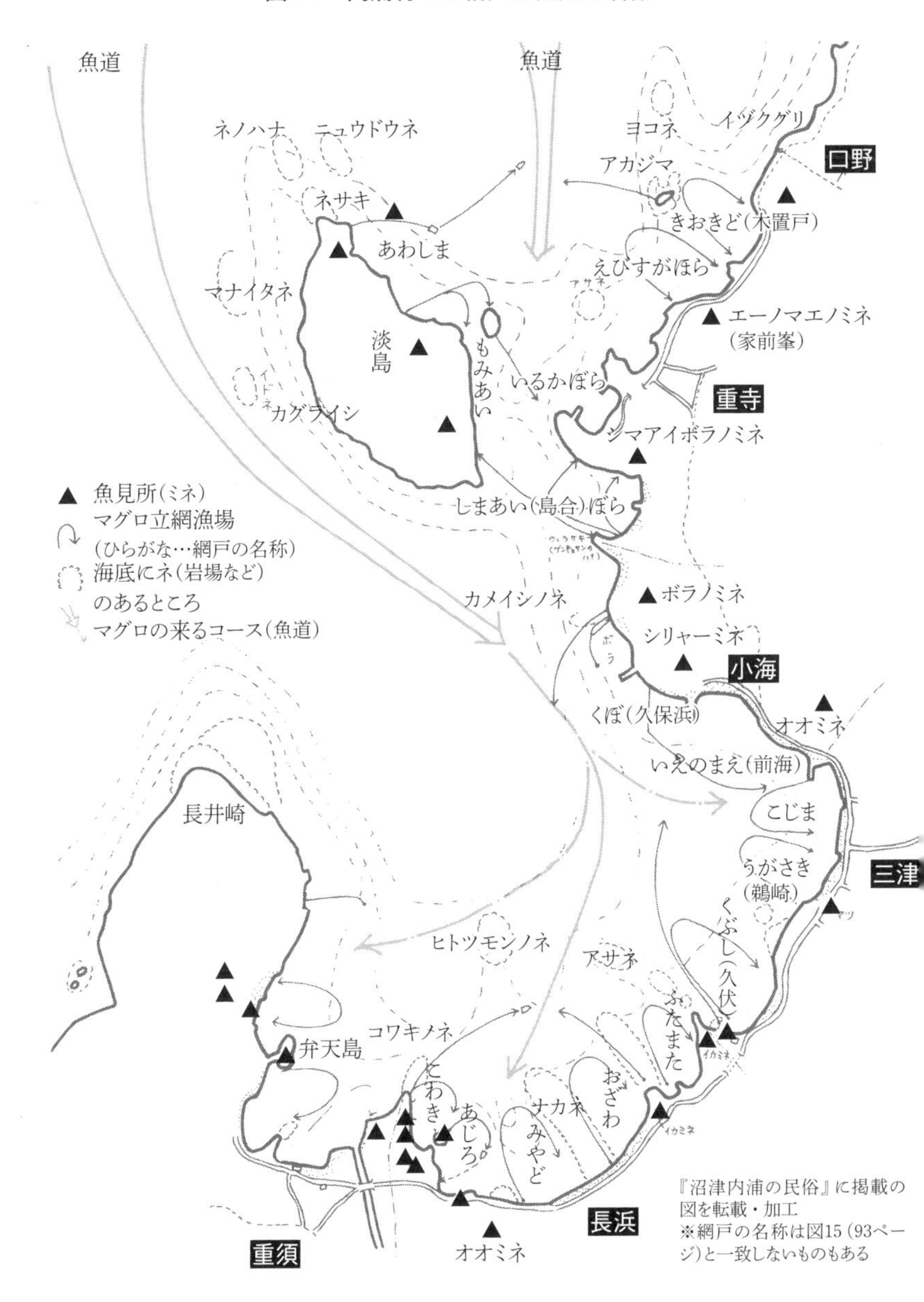

『沼津内浦の民俗』に掲載の図を転載・加工
※網戸の名称は図15(93ページ)と一致しないものもある

なく、一人の実業家だった。その名を、渋沢敬三（明治二九年［一八九六］～昭和三八年［一九六三］）という。彼は、大正・昭和期に実業家として活躍するかたわら、民俗学の研究も行なった人物である。なぜ、彼が古文書の紹介者になったのか。そのいきさつから話していこう。

彼の祖父は、渋沢栄一であった。渋沢栄一（天保一一年［一八四〇］～昭和六年［一九三一］）は、埼玉県出身の著名な実業家であり、今度新しい一万円札の図柄にもなる人物である。はじめ一橋徳川家や幕府に仕えたが、明治になってからは大蔵省に勤めた。明治六年（一八七三）には辞職して、実業界に転じた。そして、第一国立銀行を創立するなど金融界で活躍するとともに、大阪紡績会社などを設立して近代産業の確立に大きく貢献した。彼が名を連ねた会社は五〇〇余におよび、渋沢財閥を形成した。晩年には教育・社会事業にも尽力するとともに、実業界の指導者養成のために東京商科大学（のちの一橋大学）を支援するなど多数の事業に関わった。

この渋沢栄一の孫が敬三であり、実業界のサラブレッドであった。敬三は、大正一五年（一九二六）に第一銀行取締役になる。そして、副頭取だった昭和一七年（一九四二）に日本銀行副総裁に転出し、昭和一九年には総裁に就任した。太平洋戦争後は、幣原喜重郎内閣の大蔵大臣となり、終戦直後の財政処理にあたった。ほかにも、昭和二八年には国際電信電話株式会社（ＫＤＤＩの前身会社の一つ）の初代社長に就任するなど、実業界で重要な役割を果たした。

その一方で、民俗学にも深い造詣をもち、自宅の物置の屋根裏部屋を研究拠点として、そこをアチックミューゼアム（屋根裏の博物館）と名付けた（昭和一七年に日本常民文化研究所と改称）。そして、そこに若い研究者たちを集めて、各地の民具や民俗資料の収集・調査・研究を進めたのである。

渋沢敬三がみた伊豆の漁風景

そうしたなかで、敬三は内浦の史料と出会った。その経緯については、敬三自身が次のように書き記している。

（内浦の）史料を自分（敬三）が発見するに至る迄（まで）には、主観的には色々な因縁が考えられる。学生時代に静浦へ毎夏行っていたため、この辺一帯の海や海村の様子には昔から何となく特別な親しみをもっていたこと、自分の釣り道楽は海に偏していて自然と海の漁業につき見聞するところが多くなっていたこと、祖父（渋沢栄一）の逝去が自分をして偶然にも三津（内浦のうちの一か村）に長期滞在を余儀なくせしめ、ために本史料発見の端緒を得しめたこと等、いずれも一つの重なり合った因縁としか考えられない。また、自分としては、海の生物学や海村の社会経済史等に対し、素人ながらも多少の興味を持ち得たことも本史料発見の一つの原因をなしている。（『豆州（ずしゅう）内浦漁民史料』上巻より。一部、表現を改めている。以下同じ）

敬三は、彼が一〇代から二〇代だった明治三九年（一九〇六）から大正八、九年（一九一九、一九二〇）ころまでの間、毎年夏になると一か月ほど静浦に滞在していた。明治二六年に静浦の近くに皇室の沼津御用邸が造営されたこともあって、当時の内浦・静浦は政財界の要人や文化人の保養地となっていた。東海道線を使えば東京からも行きやすいうえに、気候が温暖で富士山や南アルプスの山々を遠望できる風光明媚な当地域には、各界の要人が利用する高級旅館や別荘が立ち並び、とくに夏には多くの避暑客や海水浴客でにぎわっていた。彼は、学生時代に静浦で過ごした夏のことを次のように回想している。

> 自分が静浦に行っている間に、鯨が二度奥駿河湾内に来たことがあった。一度は非常に大きい奴で、午前一一時頃突然巨躯を現し、潮を吹いて遊泳していた。漁夫共は船を出し大勢その廻りを取り巻いていたが、別にこれを捕獲しようとしていないのを子供心に奇異に感じたことであった。ところが、本書（『豆州内浦漁民史料』）の中に、鯨はカツオ・マグロ・ソウダガツオ等の浮魚（常に海水の上層にすむ魚）を連れて来るので、これらの魚類を鯨子と称し、鯨に対して一種の親しみと尊敬をもっているのを知り、今になってなるほどとも思ったことであった。この鯨は暫時遊んでいたが、そのうち一度沈むと見るや、今度ははるか西浦の古宇（西浦のうちの一か村）辺の沖へひと泳ぎに行ってしまったのを見て、非常に感心したのを覚えている。
>
> カジキマグロが夕方浜の近くで数尾海面を離れて飛び上がったこともあるし、また一度海

亀が卵を生むためか海岸に現れたことがあった。それは自分が中学の二・三年の頃で、月があり風も相当吹いている夜の八時半頃であった。当時大学生だった穂積真六郎さんと二人で海辺へ出ると、波打ち際に大亀がいるので二人でひっくり返そうとして努力したが、何分棒も何も持ち合わさないのと、何しろ二〇貫（約七五キログラム）以上もあったらしい亀で、背中に付いた大きなフジツボ（富士壺、富士山のような形をした甲殻類の一種で、岩や船底に付着する）をつかまえ、片手を海亀の横腹に入れてもビクともしないうち、海へ向けそろそろ歩き出したが、その強力に引きずられているうち、波をかぶると急に身軽になって沖へすべり出てしまった。（『豆州内浦漁民史料』上巻）

当時の静浦の豊かな自然が目に浮かぶようである。また、敬三は、淡島でマグロを網で囲い込んで獲る漁のありさまを実見しており、それを次のように記している。後述する立網漁の光景である。

淡島から木置戸（淡島の対岸の網戸の名称、93ページの図15、97ページの図17参照）へかけて大きく張りまわした藁網の中には、何千というシビ（シビマグロ）やキワダ（キワダマグロ）が泳いでいた。その中にまた更に小取網を入れて、二百尾もあろうと思われるその一群を囲んだのである。網が島の岩浜へ近寄せられるに従って、マグロは海が浅くなるために背びれや

図18　シビ鈎（採集地：我入道、志下）

いずれも長さは1メートル前後で、木製の柄の先に付けた鉄製のカギで魚を引っかける

出所：沼津市歴史民俗資料館蔵

図19　かけや（採集地：獅子浜）

これで、マグロの急所である鼻面や首の根を殴った

出所：沼津市歴史民俗資料館蔵

尾ひれを水上に出して入り交じりつつ矢のような速力で逃げ廻る。魚群を囲んだ網の外側に船を寄せ、船上では大の男が二人で手かぎ（柄のついた鈎。図18参照）を持って船側に立ち、マグロが具合よく当方に向けて泳いで来るのを利用してカギでマグロの両側から引っかけると、魚は夢中になって尾を振るため、独りでに魚体は船側へのし上がって来る。すると他の一人がかけや（掛矢、大きな木槌。図19参照）で頭を殴りつける。マグロは苦しさの余り想像以上に巨躯を振動させ、瞼のないあの大きな眼を血走らせて白黒させるあたり、いささか残酷である。

マグロは船の上に横たわった。そのうち振動も弱くなるが、それでもソウダガツオを釣り上げた時、船板を尾ひれで打ちたたくあの音の数倍もある。機関銃の音にも似た最後の喘ぎは続くのである。たまたまカギを掛ける時、カギの向きと魚の泳ぐ向きがずれると魚の力で大の男がカギの柄を両手に持ったまま海中へ引きずり込まれ、魚はこれを引きずって泳ぐその力の強さ。

海岸にも数名の漁師が足を痛めぬように厚い足袋をはいて、これもマグロと戦っている。壮絶な戦いが、ものの一時間半も続いた頃には、必要なだけの魚は捕らえられて船や岸に並べられる。ここから沼津までまだ発動機（エンジン）のない頃、手押しで押し送る時間を見てギリギリ迄、漁師と商人との談判（価格交渉）は続く。遠方で捕って、既に死んだ魚が沼津へ来たのと事変わり、値段によっては捕らずに生かして置いて最も値頃高き機に売り得る当地の漁師は幸いであった。（『豆州内浦漁民史料』上巻）

実際に近くで見た者にしか書けない臨場感あふれる文章である。敬三には、文筆の才があった。

大川四郎左衛門宅にあった古文書

以上は敬三の学生時代の話だが、彼が古文書と出会うのはそれから十数年経った昭和七年（一九三二）のことである。その前年の昭和六年一一月に、敬三の祖父渋沢栄一が九二歳で死去した。敬三は、その前後の一か月間、看病や葬儀のために睡眠不足となり、それが原因で急性の糖尿病になってしまった。そこで、療養のために、昭和七年の初めに、それまで何度も釣りに来ていた内浦の三津にやってきたのである。

そして、敬三が療養の合間に、漁師の伝次郎から内浦の昔の話を聞いていたところ、いろいろと興味深いことが出てきた。そこで、「誰か昔のことに詳しい人の話は聞けないだろうか」と言ったところ、長浜の大川四郎左衛門翁（嘉永四年［一八五一］〜昭和一七年［一九四二］、江戸時代に津元だった家の当主）にその旨を伝えておくとのことだった。

ところが、その日の夜に、大川翁が敬三の宿を訪れて、「こんなものが家に伝わっていて、太閤様（豊臣秀吉）のものだというが本当でしょうか」と言って文書を広げた。見ると本物である。「こんなものがお宅にまだほかにありますか」と聞くと、長持（長方形で蓋のある大型の木箱）にいっぱいあるとのことだった。

豊臣秀吉が出した文書など、めったにお目にかかれるものではない。驚いた敬三は、早速翌日大川家を訪れた。そこで、まず大川翁は敬三に、戦国時代に当地を支配した戦国大名北条氏の出した文書や江戸時代初期の文書など二〇点ほどを見せた。敬三は、「これ等が珠玉（宝物）のような気がして、無造作につかみ出される大川翁の老いた手にハラハラした」という。

続いて、敬三は、長屋門（両側に奉公人等が住む長屋の付いた門）の中にある六畳の部屋に案内された。そこの押入れの中には、いくつもの木箱がしまわれていた。ある箱は漁業関係の帳面で埋まっており、別の箱には秀吉の時代から明治期にいたる各時代の文書が雑然と入っていて、どれから手をつけていいかわからないほどだった。また、母屋から三〇〜四〇メートル離れた奥に土蔵があって、その中の長持にも古い帳面や証文類がいっぱい詰まっていた。

敬三は、文書の量の多さと年代の古さに驚き、さっそく少しずつ借り出して宿に持ち帰って読み始めた。そして、ただ目を通しているだけではいけないと思い、片端から書き写し始めた。知人・友人にも手伝ってもらって、約二か月間、毎日午前七時半頃から午後一〇時頃まで夢中になって書き写した。さらに、内浦のほかの旧家に保存されていた古文書の調査も行なった。

史料集として刊行

昭和七年五月初め、病の癒えた敬三は帰京することになった。そのとき、大川翁は敬三に、「自家の文書を大学にでも寄贈したいので、ご配慮を仰ぎたい」と申し出た。敬三は、「あなたのところの文書は日本として非常に貴重なものであり、御志のとおり今後これが国家の手に保存されて永久に残るならば、あなたとしても死なれた後、四〇〇年このかたの御先祖に会われて立派に責任を果たし得たということができるだろう。自分は、この文書は一つの村の四〇〇年間の記録の集大成であって、まとまっているところにまた別種の価値があると思うゆえ、願わくは自分にその出版を委ねられ、しかる後、現物を寄付することにされてはどうか」と提案した。

大川翁はこの提案を快諾したので、敬三は文書一式を東京のアチックミューゼアムに運んだ。そして、多くの研究員の協業によって史料集の編集作業が進められ、その成果は昭和一二年から一四年にかけて、渋沢敬三編著『豆州内浦漁民史料』（豆州とは伊豆国（いずのくに）のこと）全三巻（計四冊）として刊行された。この本は、次のような画期的な意義をもつものであった。

第一に、史料を使っていきなり論文を発表するのではなく、まず史料集を刊行して、史料を学界の共有財産にしようとした点である。敬三が専門の研究者ではなかったことも関係していようが、自分の業績をあげるよりも、史料の価値を広く知らしめることを優先した点は重要である。敬三は、学問の発展こそを望んでいた。

第二に、内浦という一つの地域の史料を、長浜の大川家に伝わる文書を中心に、できるだけ網羅的に掲載した点である。敬三が、自分の興味のある史料だけを選別して載せるのではなく、多くの人の関心に応えられるように、幅広い内容の史料を可能な限り多数紹介したことは、この本に汎用的な意義を与えた。

第三に、幕府や大名・寺社の研究が中心だった当時にあって、村に住む庶民の史料に価値を見出したことである。いわゆる「偉い人」にだけスポットを当てるのではなく、普通に生きた庶民（常民）の暮らしと文化にもかけがえのない価値を認めようという姿勢は貴重である。

こうした大きな意義をもつ『豆州内浦漁民史料』は、今日にいたるまで第一級の史料集として高い価値をもち続け、これを利用して多くの研究業績が生まれた。敬三は、「魚を釣るつもりで、かえって古文書を釣り上げてしまった」と述べているが、彼の目的は十分果たされたといえよう。もちろん、本書が書けたのも、『豆州内浦漁民史料』のおかげである。なお、敬三が集めた膨大な史料は、現在、国文学研究資料館（東京都立川市）に所蔵され、一般に公開されているので、どなたでも閲覧することができる。

以上が、当地域の古文書が世に出るまでの一部始終である。

大川翁が語る幕末の内浦

では、当地域の漁業はどのように行なわれていたのだろうか。それは、当事者に聞くのが一番である。そこで、江戸時代に津元（網元）だった大川家の当主四郎左衛門翁の語るところを聞いてみよう。幕末から明治初期の漁業を実体験し、昭和まで生きた彼は、渋沢敬三の問いに答えて、次のように語ったという。

私（大川四郎左衛門）の若い頃でも平漁師、すなわち網子（あんご）共は我々を旦那といい、被った手拭いも必ず取って挨拶をし、それはそれは階級的な区別があったものです。

お正月の七日には網子共は津元の家に集まって飲み食いをしましたが、この時、津元は「首つり粥」という粥を出しました。これを食べると、その一か年は、その津元に忠誠を誓うことになるのでした。また津元の言うことを聞かなかったり、悪いことをしたりすると、津元はその網子が船に乗ることを禁じました。これは網子にとって一番恐ろしいことで、この制裁は非常に効果があったようです。

長浜では津元が幾人かいて、網子を指揮し、魚を獲っておりましたが、その組は五組あって、その名前をあげると、大網舟方（おおあぶかた）・四郎次方（しろうじかた）・五郎左衛門方（ごろうざえもんかた）・三人衆方（さんにんしゅうかた）・法船方（ほうせんかた）の五つであります。おのおの六人の網子が乗り組み、その内二人はヘラトリといって支配人のような格で、津元と網子との間に立って魚を獲る指揮をしたり、魚を売る時商人と交渉をしたり、また網子の世話をしたりしました。つまり、網子はヘラトリを含めて三〇人いたわけで、これも世襲的にこの村に住んでいました。もっとも、魚を獲るには人数が余計いるから、これらの本網子のほかに、手間としてその家族や、または網子の雇い人まで大勢いたわけです。

　また、長浜の浦は漁場としては五つに分かれていて、重須村との境から順にいいますと、小脇（こわき）・網代（あじろ）・宮戸（みやど）・小沢（おざわ）・二又（ふたまた）となっており、これを網戸（あんど）といって、この一つ一つの漁場である網戸に先に述べた組がついていたのです（93ページの図15、97ページの図17参照）。ところが、漁場によっては魚の獲れ方に不公平があるので、いつの頃からか各組が順繰りに各網戸を廻り持ちすることになりました。詳しくいうと、三月一日から九月の終わりまでは二日目ごと、一〇月の初めから二月の終わりまでは五日目ごとに順次交代して持ち場につき、魚の来るのを待っていました。これを「網戸日繰り（ひぐ）」といい、この日繰りを書いた帳面もあります。

　網戸の内では小脇網戸が一番魚の来るところであったので、魚の大群が来た場合には、小脇を守っていた組が「見掛け寄合（みかけよりあい）」と声を掛けると、日繰りをこわして一斉に共同して魚を獲り、その魚の水揚げが済むと、また次の日繰りに移りました。見掛け寄合は小脇網戸だけが持つ特権で、ほかの網戸からはこれが言えませんでした。

　魚群は淡島と長井崎との間の水道から内浦湾内に入り、多くは小海・三津の沖を廻って小脇に突っかかり、それから重須の沖を通ってまた外へ出て行くのでした。魚群が来ると海面の色が変わりますので、これを常に注視するために宮戸の山の中腹に魚見小屋があります。これを峯といい（129ページで詳述）、ここを特に大峯と唱え、峯の総元締をしていました。小脇から網代へかけて高い丘や松の木の梢や、あるいは櫓を作ってたくさん峯ができています。これを助け峯といって、魚を網で囲う場合、上からその様子を見て海で働く者にそれぞれ指図をします。これの信号法にも特別に面白いものがありました。

魚が網で囲われると、津元は蜻蛉笠（真竹の皮で作った粗製の笠、130ページの図24参照）を被って、手に竹の杖を持ち舟に乗って、その魚の水揚げの世話をしました。魚を満載した舟は岸へ着く時は、きっと舳（船首）の方を岸へ向けて勢いよく漕いで来て、ドンと岸へぶっつけました。すると、舟の中の魚はいっぺん岸の方へ動いてから、反動で艫（船尾）の方へぎっしり詰まります。

舟が着くと、女や子供が大勢出て来て、網子と一緒になって魚を岡へ運びます。それを、ヘラトリが一々数えます。津元は舟の上に頑張っていて、これを監督していました。中には夕方薄暗くでもなると魚を盗む者も出て来るので、津元は見張っていて、あまり程度のひどいのが見つかると、手にもっている竹の杖で殴ることも稀にはあったようですが、それで通っていたから驚いた時世もあったものです。これを「盗み魚」といって、少々ばかしは大目に見ていたのです。

大部分の魚が陸揚げされると、舟の中は魚の血で赤くなった潮水の中に魚が隠れてしまいます。それを津元は足で探して足に魚が当たると、「まだあるじゃないか」とヘラトリを督励します。この時、津元はけっして手で探さないのが定則でした。ヘラトリが「もういいでしょう」と言って、津元が許すと、網子たちは先に述べた舟の艫に、ぎっしり詰まっていた魚を引き出します。これを「艫の魚」といって、網子の特別賞与みたいなものにしました。私の若い頃には先に述べた盗み魚も随分あって、翌朝山際の竹藪の中から大きな鮪（シビマグロ）が何本となく現れた事さえ何回もありました。

また、見掛け寄合などしてたくさん魚が海中に網で囲ってある時などは、水揚げをするのに一〇日も二〇日もかかった事があり、こんな時の夜などは網の中の魚が怖じてはいけないと燈火も点けず、騒ぐどころか遠慮して、一村シンとして番をしていた事も何度かありました。

魚が五〇両も獲れると、津元の家では津元膳といって、御飯のほかに鱠（腸を取らない丸ごとの魚を、少し血が出るくらいの半熟に焼き、身を細かく切って醤油と酢を合わせて混ぜて食べるもの）を作って網子に振舞いました。一〇〇両以上の時は御飯や鱠のほかに酒が出て、俗にいう大盤振舞いをしました。もっとも、津元も抜け目なく、この時とばかり網子の衆に米をたくさん搗かせたりしました。網子はヘラトリから順に並んで、たらふく食べたり飲んだりした上に、鱠を皿に山盛りにして各自の家に持ち帰ったりしました。

昔は、津元同士の博打が盛んに行なわれたものでした。漁師などは貯蓄心のないもので、大漁のあった時などは袋物（袋に入れた品物）が一晩で三〇〇両も売れた事があったと聞いております。また、大漁の後は津元も網子も舟を押して、勇んで沼津の料理屋へ繰込むのが唯一の楽しみでした。その代わり、少し不漁が続くとすぐに困ってしまって、網子は皆津元に寄り掛かっているという始末でした。

魚の種類は、鮪・メジ（メジカ、マグロの幼魚）・鰹・ハガツオ・ソウダガツオなどといって、鯨に付いて来るために鯨子といわれる類、すなわち浮魚がその主たるものでした。昔はヒラメでもイシナギでも鯛でもたくさんいましたけれど、これらの底魚（主に海底近く、または海底の砂泥中にすむ魚）は一本釣りで釣っただけで、この浦の漁業としてはそう大して重要でもなかったようです。

この内でもシビやメジが獲れると、三津にいるナマシ（生師、魚商人）がこれを買って江戸へ送りました。それは大部分、青竹を割ったもので魚を荷造りして、大小に応じて馬の背につけます。魚が獲れると、三津の荷宰料（荷物を運ぶ人夫を差配・監督する役）や馬頼み（魚を運ぶ馬を手配する役）が駆け足で、裏山の奥の長瀬・小坂、すなわち今の長岡温泉あたりの百姓に触れ歩いて、魚を運ぶ馬を集めるのです。荷が出来ると、馬の列が続いて三津坂を越し、今の長岡から湯ヶ島を通って天城を越えて網代（現熱海市）へ出て、そこから押送船で相模灘を乗り切り、三浦岬（三浦半島南端）を廻って江戸へ入りました。私の記憶では、一晩にメジが四七〇〇本、一七〇頭の馬に積んで出たのを覚えています。なんでも夕方の七時頃三津を発って、その時分は、まだ狼が出るとかいって荷宰料はたくさん松明を照らしていましたが、網代へは午前の三時か四時頃着いたといいます。

またある部分はスキミといい、鮪を大きな切り身にして、塩に漬け樽に入れて沼津へ出し、それから富士川筋を遡って身延（山梨県南西部、現南巨摩市）を通り、中馬（荷物を運ぶ馬）の背を借りて甲州（現山梨県）にも入ったそうです。またある部分は、この辺の漁師の家族がいわゆるボテフリ（棒手振、行商人）として近郷へ売り歩いたようです。

生師が魚を買う時は皆海岸に集まり、石コロを手拭いに包んでそれで入札したものでした。獲れた魚の分配は、まず神社やお寺への初尾（初穂、神仏への捧げ物）、舟・網の諸掛り（諸経費）、峯や網子の手間賃、津元の賞与のごとき「えびす」等をそれぞれの歩合に応じて引き去った残りの三分の一は漁業税として幕府へ上納し、残りの三分の二の約四分の三を津元がとり、四分の一を網子に分けました。網子は、これと網子貰い（峯や網子の手間賃）と艫の魚と盗み魚とが、漁のあった度の収入になったわけです。また、魚漁ごとにおおよそ三分の一を取り上げてしまうという税も、まったく馬鹿にならない金高にのぼったものです。この税は一般の年貢のほかの特別税だったのですから、韮山の代官所としてはまことによい収税の源泉だったわけです。

津元も大勢ありましたが、重寺の秋山・加藤・室伏・土屋、小海の日吉・大沼、三津の大川ほか四軒、長浜では私の家ほか二軒、重須の土屋、木負の相磯などが中でも大津元といわれ、その年に初めて獲れた魚は互いに届け合って祝ったりしました。しかし、その生活を振り返ってみると、勉強もしなければ貯蓄もしない、ただ馬鹿話をしたり、博打をうったりするのが能だといった風で、今から思うとお恥ずかしいような生活ぶりでした。（『豆州内浦漁民史料』上巻）

以上、大川四郎左衛門翁の語るところをご紹介した。当事者の言だけあって、そこからは幕末の漁師たちの暮らしぶりが生き生きと蘇ってくる。本書では、大川翁の語りを、江戸時代の古文書を用いてさらに肉付けしていくことにしたい。

幕府役人の天保三年「伊豆紀行」

大川翁の語りのような、当事者の証言はたいへん貴重である。そこで、もう一人、一九世紀に幕府の役人だった木村喜繁（又助）の記すところをみてみよう。そこには、大川翁の語りよりさらに数十年遡った時期のようすが描かれている。

木村喜繁は、天保三年（一八三二）の九月下旬、手伝いの者や家来たちを連れて、江戸を発ち内浦に向かった。目的は、幕府の薬園の視察である。内浦の西に隣接する一帯は西浦と呼ばれたが、西浦にある村々の一つ河内村の近くに幕府の薬園があった。薬園とは、薬になる植物を育てる薬草園のことである。河内村近くの薬園には、樟脳の原料になる樟の木が植えられていた。木村は、その視察のために派遣されたのである。彼は、そのときの旅のようすを、「伊豆紀行」という紀行文にまとめており、そこには当時の内浦の姿が生き生きと描かれている。そこで、以下、「伊豆紀行」の内容を現代語に抄訳してご紹介しよう。

一〇月一日

朝、三島宿を出発し、韮山の代官江川太郎左衛門邸で昼食をとり、午後四時ごろに長浜村の（大川）四郎左衛門方に着いた（彼は、先に語りを紹介した大川四郎左衛門の先代）。四郎左衛門宅は海辺の道沿いにあり、高さ一丈（約三メートル）ほどの石垣の上に長屋門を構え、その左右の続きには物置などが建っていた。玄関の次には、一六畳の「次の間」がある。そこと襖四枚で仕切られた先には一二畳の座敷があり、床の間や違い棚（二枚の棚板を左右から二段が食い違うように取りつけた棚）が設けられていた。

この座敷を自分（木村喜繁）の居室と決めて、「次の間」を長持などの置き場所兼家来どもの居場所とした。座敷は南西に向いており、座っていても海が一望できた。正面より少し西方に富士山が見え、他にも高い山々が見えて、たいへん景色のよい座敷である。

横手の襖を開くと納戸（物置などに使う部屋）があり、そこから縁側を通って浴室に行けるようだ。さらに、台所や家族の居間にも続いているようで、よほど広い住居と思われる。手伝いの者や家来らは、四郎左衛門邸内の各建物をそれぞれ宿舎とした。

四郎左衛門らに対しては、「これからしばらく逗留するので、朝夕の食事は一汁一菜（汁物とおかず一品ずつの質素な食事）として、地元産の有合せの食材でかまわない。家来どもには不届きな行ないのないように厳しく申し渡したが、万一不作法なことがあればすぐに申し出てほしい」と話しておいた。

このあたりでは、春三月から九月末日まではマグロ漁だけを行ない、他の漁はしない。一〇月以降はマグロの群れが岸近くに寄って来る回数が減るので、鯛釣りに出るが、これは冬場だけのことで主要な稼ぎではない。冬でも気候の関係でマグロが寄ってきたときは、ただちに漁船を出すという。

このへんの山々には魚見櫓が建ててあり、番人が常駐してマグロが来るのを見張っている。櫓からは魚群の接近がよく見えるので、マグロの群れが近づくと櫓の上から大声で知らせる。その声を聞くと、マグロが来た海域（網戸）を持ち場にしている漁師たちが漁船を出す。他の漁師たちの持ち場へはけっして出ていかないという掟が、しっかり取り決められているという。

長浜に来てから頻繁に何か嫌なにおいを感じ、四郎左衛門宅の近辺でもにおうので聞いたところ、マグロの「腹わた」などを大きな桶に溜めているので、そのにおいだという。いくつもの桶に「腹わた」が溜まると、近辺の山寄りの村々から肥料用に買いに来るとのこと。

そのため、漁師の家では皆「腹わた」を溜めて置くのだというが、このにおいには困り果てた。夕飯には焼き魚が出されたが、においのために魚などは見るのも嫌で、持ってきた梅干しなどで食事をとった。午後一〇時過ぎに床に就いたが、座敷の前の道を、絶えず村人が拍子木を打ちながら廻り歩くので熟睡できなかった。

一〇月二日

食事には三食とも、いろいろに調理した魚ばかりが出る。しかも、魚は鯛とマグロだけで他の魚はなく、野菜もないので困った。野菜が食べたい場合は、わざわざ家の者を沼津あたりまで行かせて入手してくるということなので、なかなか食べたいとも言い出せない。仕方なく、持ってきた梅干しなどをおかずに食事をしている。近くの畑でとれた大根がときどき出るが、これはありがたい。豆腐も出されるが、とても固くて、何か嫌な香りがしておいしくない。青物は、大根の葉しか見たことがない。

宿泊中、三度の食事にマグロが出ないことはなく、刺身や焼き魚にして出される。ある朝、白い和え物が出されたので、珍しいと思って、何だろうと箸を付けてみたら、やはりマグロの和え物だったので笑ってしまった。

鯛もいろいろに調理して出されるが、調理方法がまずく、そのうえにおいも気になって食べられなかった。そのため、宿泊中は、持参した品をおかずに茶漬けばかり食べていたので、しまいには四郎左衛門家の者も不審に思うようになったらしい。
ただし、同行の手伝いの者や家来たちは、毎日マグロが出されても、飽きもせずに食べ、「魚はとても新鮮で、格別の風味がある」などと言っていた。とにかく、マグロと鯛以外の魚はないとのことで、一度も食事に出されなかったが、これは魚ごとに漁に用いる網の種類が違うからだろうか。

一〇月五日
今朝は晴天のせいか、にわかに肌寒くなったため、初めて重ね着をした。伊豆国は暖かい所で、そのなかでも長浜村は西側が海で、東側は高い山ばかりなので、とりわけ温暖な場所である。その長浜村でこれだけ冷えるのだから、江戸はさぞかし寒かろうと思った。
午前一〇時頃、座敷から海を見ると、イワシの大群が飛び跳ねながら岸に近づいて来た。脇のほうの山に設けられた魚見櫓にいる番人が何か大声をあげて呼ぶと、前方の磯にある小屋から大勢の漁師たちが出て来て小船に飛び乗った。七、八艘の船が漕ぎ出し、太い縄で作った網を海へ投げ込んだ。一・五キロメートルほど沖の方へ出ただろうか、左右の網を引き合わせると、すぐにまた元の磯辺へ網を引きながら戻って来た。
何か聞き慣れない大声をあげながら、しだいに磯近くまで網を引いてくると、陸にいた者たちが裸になって網の綱を引き出した。他の二〇人ほどは、六〇〜九〇センチメートルくら

図20 「伊豆紀行」の挿絵として描かれた、長浜村における漁のようす

船上で網を操る者、浜辺で網を引く者、海に入ってマグロと格闘する者などが生き生きと描かれている。

出所：木村喜繁「天保三年　伊豆紀行」画帳のうち「四　同　漁猟場ノ景」、天保３年〔1832〕（静岡県立中央博物館蔵）

いの棒の先に鉄製のカギのようなものを付けた道具を持って海へ飛び込んだ。海は遠浅のようで、水は腰のあたりまでで特に深いようには見えない。

網の中には大小のマグロが入っており、網に当たると驚いて浅い方へ寄って来る。マグロが寄って来たところに持っているカギを打ち懸けて、海岸の方へ引き上げる。中くらいまでのマグロは一人で引き上げるが、大きいものは一人では手に余るので、そばから別の者がまたカギを打ち懸けて、二人がかりで引き上げる。引き上げるとすぐに、丸太を伐る道具のようなも

のでマグロの頭を殴っては、海岸に並べておく。そして、また海に入って、同じようにマグロを引き上げる。網に入ったマグロを残らず引き上げると、網を船に上げる。

　陸から海に入ってマグロをカギで引き上げた者たちには、特に賃金は渡さない。その代わりに、マグロの「腹わた」やエラなどを渡すという。貰った者は、それを大きな桶などに溜めておくと、山方の百姓たちが肥料用に買いに来て、良い値段で売れるという。今回獲れたマグロは、大きいものが五〇本余、中くらいのものが七〇本余とのこと。これらが、本当に短時間で獲れた。

　それからすぐに、海岸に並べた魚の所に大勢の者たちが集まっていたが、間もなくマグロを船に積み込んで沖の方へ出て行った。この辺には、江戸・駿府（現静岡市葵区、駿府城があり、東海道の宿場でもあった）・甲州などから魚商人たちが来ていて、魚が獲れたと聞くとすぐにそこへ来て、それぞれの漁師頭（漁師たちのリーダー、ヘラトリ）と値段の交渉をするのだという。この日は、駿府の商人との間で交渉がまとまったとのこと。二時間も経たないうちに、人も船もまた元の海岸に戻って、あとは静かになった。

　春から秋の間はこの程度の漁獲量しかないことは少なく、一日に何百本ものマグロが獲れる日が連日のように続くことが何度もあるという。今春以降は特に豊漁で、長浜村だけでもこれまでに金一〇〇〇両余のマグロが獲れたとのこと。そのため、マグロ以外の漁はしないという。今回の漁が行なわれたのは、宿舎から一〇〇メートル余の所だった。一緒に来た者たちは、その場に見に行った。自分だけは、座敷から、持参した遠眼鏡（望遠鏡）を使って見ていた。今日の明け方にも、隣村の浜で漁があったらしい。

この辺では、沖にいる鯨を大切にして、けっして獲らないという。それは、マグロが沖合で鯨に追われてこの辺に来るからだとのこと。大きなマグロを追う鯨はさぞ大きいことだろうと想像する。

夕方、手打ちの蕎麦を出された。色が黒く、ひと箸も食べられなかった。蕎麦は、この辺ではご馳走らしい。家来たちは何回もお代わりを出されて困ったとのことで、可笑しく思えた。

一〇月七日

今日も、河内村の近くの薬園を検分しに行った。帰りに、木負村を通った。この辺も海岸沿いで、山々には魚見櫓が何か所もあった。また、海へ張り出した小島があちこちにあって、いずれも弁才天が安置されていた。午後四時過ぎに、長浜村に帰り着いた。

一〇月九日

明日は、江戸へ帰る日だ。四郎左衛門家では何も不自由はなかったけれど、ただ魚のにおいには毎日困った。持ってきた沈香（天然の香料）を焚いて凌いだが、それが台所の方までにおったらしく、台所で働く女性たちは「座敷の方から、何か変なにおいがする。お寺へ行ったときのにおいのようね」などと言っていたらしい。旅先へは、沈香などを持って行ったほうがよい。

以上の「伊豆紀行」の記述は、大川四郎左衛門翁の証言と重なるところが多い。江戸暮らしの木村喜繁が、長浜村に来て、海村特有の食事やにおいに戸惑ったり、漁のさまを興味深く見つめたりしている姿が目に浮かぶようだ。二人の証言をみていただいたことで、読者の皆さんは、江戸時代の長浜村の漁業と漁師たちの暮らしについて、かなりの程度イメージできたのではないだろうか。

第二章

津元（つもと）と網子（あんご）による漁の世界

立網漁から、利益の分配、魚の売買・輸送ルートまで

1　立網漁で使われたアミ

前章で紹介した当事者たちの言によって、海村と漁師たちについておおよそのイメージをもっていただけたと思う。そのうえで、本章では内浦の漁業のあり方について、江戸時代の古文書や明治以降の資料、あるいは現代における現地での聞き取りなどによって、さらにくわしくみていきたい。

当地域の漁業を特徴づける中核的な漁法が立網漁だった。立網漁は、建切網漁・大網漁・立漁ともいい、マグロ類（シビマグロ・メジカ・クロマグロ・ビンナガ）やカツオ・イルカなどを漁獲した。内浦湾内に入って岸近くを回遊する魚群の行く手をオオアミによって遮り、さらに数種類の帯状の網を用いて魚群を浜へ追い込んで獲ったのである。近代の立網漁では、次のような数種類の網を組み合わせて用いた。

①オオアミ（大網）（図21、図22参照）

藁縄製の帯状の網で、全長四五〇～六〇〇メートル、幅四五メートル以上もある大きなものである。網には、アンバ（木製の浮き）とイヤ石（石の重り）（図23参照）を付けた。魚群が岸辺に近づいたとき、この網を弓のように弧を描いた形に張り回して魚群の進路を遮る。マグロは通り抜

図21　長浜村のマグロ立網漁のようす

図の上方右手には、一端を海岸に固定し、もう一端を網船で沖に張り出して魚群の進路を遮るオオアミが描かれている。その左手には、オオアミで進路を遮られた魚群を囲い込んで捕獲するためのシメアミや、大漁のときに獲れた魚をその中でしばらく生かしておくためのカコイアミがみえる。魚群の接近を見張るために、山上にはオオミネが、沖の島にはコミネが設けられていた。城山には、戦国時代に長浜城があった

出所：沼津市歴史民俗資料館蔵、千賀葉子氏作図

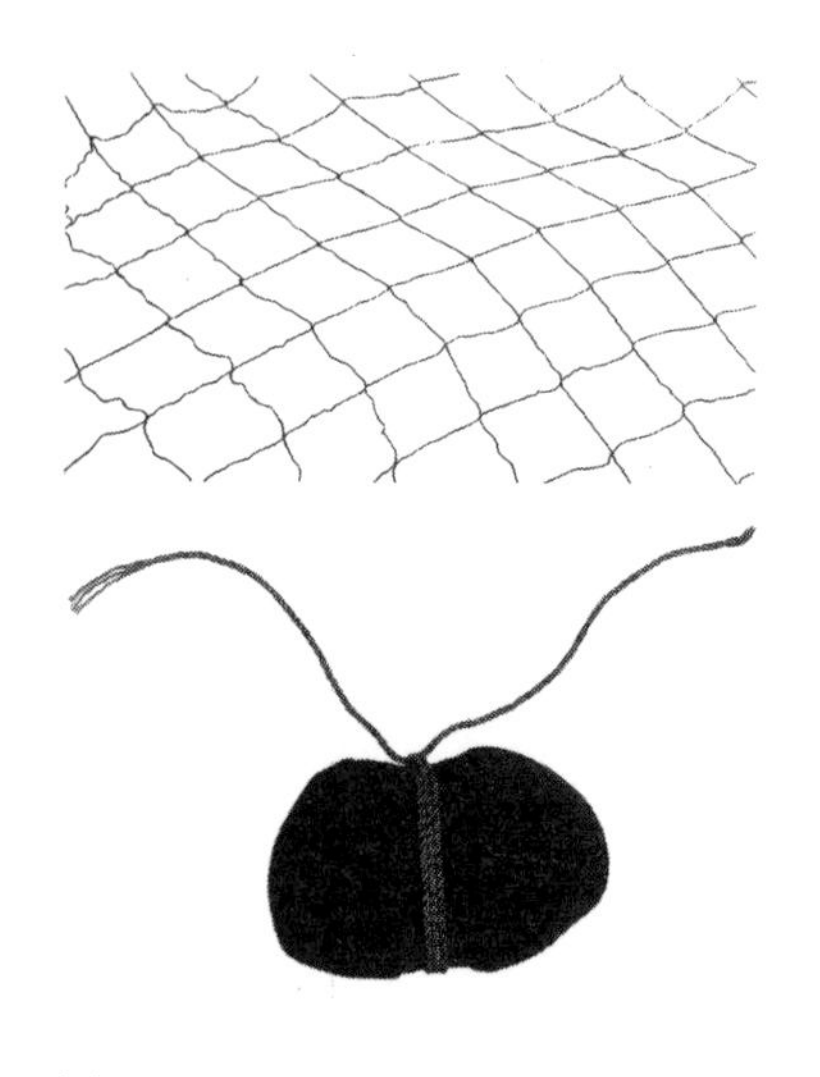

図22
オオアミの部分（採集地：内浦長浜）
ひと編目66㎝

このくらいの大きな編目でもマグロの進路を遮るには十分だった

出所：沼津市歴史民俗資料館蔵

図23
イヤ石（採集地：内浦長浜）

網に重りとして結びつけた

出所：沼津市歴史民俗資料館蔵

けられるくらいの大きな網目でも怯えて近寄らないため、網目は一辺が四五～一〇〇センチメートル前後と大きかった。魚群が回遊する方向は決まっていて、北から内浦湾に入って海岸近くを通って西方へ抜けていく。そこで、長浜村などでは西側から東方向へ網を張り回した。

②シメアミ（図21参照）

これは、網戸（あんど）と呼ばれる岸近くの好漁場にあらかじめ張っておく、藁縄製の網である。長さは二二五メートル、幅二七～五三メートルくらいあった。オオアミで進路を遮られ、追われた魚群は網戸に誘導される。そのとき、船と海岸からシメアミを操作して、魚群を確実に囲い込み逃げられないようにした。

③アテアミ

麻製の網で、オアミともいう。「オ」とは「苧」、すなわち麻類のことである。全長三〇メートル前後、幅四・五～六メートルで、これより大きいものも小さいものもあった。シメアミの中のマグロを、このアテアミですくい上げて捕獲するのである。

④カコイアミ（図21参照）

これは、全長一〇〇～一二〇メートル、幅六メートルくらいの網で、明治以降はシュロ縄（シュロはヤシ科の常緑高木）で作られた。大漁のときには、マグロを一時にすべて水揚げせず、一部はそのまま泳がせておき、魚相場を見計らって売った。そのとき、マグロを逃がさないように囲っておくために用いられたのがカコイアミである。シメアミからカコイアミのほうへマグロを追い込んで、そこで生かしておくのである。カコイアミは、海岸近くの小島を利用して、海岸と小島の間に張り渡されたりした。

以上が主要な網の種類であるが、これ以外にも取網（とりあみ）（小型の袋状の網）など各種の網が用いられた。また、村ごとに、地形や自然条件に応じて、用いる網の種類やその使用方法には違いがみられた。網の長さや幅も、村や時代によって異なった。その点、漁業は非常に個性的な生業だといえる。隣り合う村同士でも、海の地形や環境は微妙に違うため、それに応じて用いる網も微妙に異なっていたのである（以上は『漁具の記憶』に拠る）。

イルカも捕獲対象だった

なお、マグロやカツオは現代でも普通に食卓に上るから、それらが当地域の漁の主要対象になっていたことは容易に理解していただけるだろう。江戸時代の人びとも、それらを好んで食べていた。それに対して、現代人は普通イルカを食べることはない。しかし、江戸時代から太平洋戦争後まで、当地域ではイルカが普通に食べられていたのである。だから、イルカも主要な捕獲対象の一つだった。

イルカ食について、それを食べていた当時の人の証言を聞いてみよう。昭和八年（一九三三）生まれの三津（みと）の女性は、次のように言う。「ユルカ（イルカ）は五〇頭や六〇頭を一度に獲った。浜へ追い込むとユルカは抱いて捕えた。ユルカの肉は醬油干しにしたり、ゴボウと一緒に味噌炒めにしたりして食べた。また小学校のころ（昭和一〇年代）は油が不足していたので、臭いけれどユルカの油は貴重で、石鹼や灯油にして使った」（『沼津市史　通史別編　民俗』に拠る）。

また、当地域の漁業に詳しい足立実さんは次のように証言している。「イルカの調理法で一番おいしいのは、肉を薄い切り身にして、醬油または味醂（みりん）に漬け込んだ物にゴマをふって干したもの。これを干すと硬くなる。生でも食べられるが、焼いて食べるとおいしかった。イルカの煮付けもよく食べた。これは、イルカの油で肉を炒めて、臭みを消すと同時に、味を調えるためにゴボウ、ニンジンを加えた。味付けは味噌か醬油を用いた。イルカの油は皮の下に五センチメートルほどあり、白くプルプルしていた。この油が臭いのだが、使わないとおいしくできなかった」（『駿河湾の漁』に拠る）。

こうした食習慣があったがゆえに、イルカもマグロやカツオと並んで、重要な捕獲対象とされたのである。

魚群発見のための見張り場「ミネ」

ミネ（峯）とは、魚群発見のために高所に設けられた見張り所のことである。そこに詰めた見張り番を、ミネ・ミネドン・魚見（うおみ）などといった（以下では、番人についてはミネドンと記す）。ミネは村ごとに数か所あり、そのなかでも中心的な役割を果たすミネをオオミネと呼んだ。オオミネのミネドンが、漁の総指揮を執ったのである。オオミネ以外のミネをコミネ（助け峯）ということもある。

ミネは、山の尾根や高台、岬の突端など見晴らしのよい所に設けられた。そこに小屋や櫓（やぐら）を建てることもあれば、大木の樹上に棚を設けて縄梯子（なわばしご）で昇り降りすることもあった（130ページの図24参照）。漁期になると、ミネドンは一日中ミネに詰めて、魚群の接近を見張ったのである。

ミネドンは、さまざまな兆候によって魚群の接近を発見した。魚群が来ると、海の色が赤みを帯びたり、海面が波立ったりする。また、魚群にはカモメなどの鳥が付いてくることもある。カモメは、マグロの食べ残しの餌を食べるからである。

ミネドンは魚群を発見すると、大声で浜辺の小屋（網小屋）で待機している漁師たちに伝える。そのとき、ローフーと呼ばれる竹製のメガホンが使われることもあった。今日に伝わるローフーは長さ三メートルもある。孟宗竹（もうそうちく）の先端を細く割って漏斗状に拡げ、漏斗状の部分に紙を貼り付けたものである。

図24　長浜村のオオミネの魚見小屋

上図は外観(ジオラマ)、下図は小屋の内部(等倍復元)。この小屋は昭和50年代まで現存しており、畳約4畳分の広さで、石垣を積み上げた上に建てられていた。小屋の内部には、魚群の接近を知らせるためのローフーやトンボ笠がみえる

出所:沼津市歴史民俗資料館蔵

通信手段としては、トンボ笠やほら貝も使われた。トンボ笠とは、日差しや雨を防ぐためのスゲ（菅。スゲはカヤツリグサ科スゲ属の植物）で編んだ笠だが、ミネドンはこれを漁師たちとの通信に使った。トンボ笠の振り方によって、ミネから海上の漁師たちに指示を伝えたのである（以上は『漁具の記憶』に拠る）。

漁師たちの年中行事

海村には、特有の年中行事があった。昭和五〇年（一九七五）度における現地調査の成果によって、長浜村の漁業にかかわる年中行事をみてみよう（『沼津内浦の民俗』に拠る）。

大川四郎左衛門家とは別の旧津元家では、元日の朝、赤芽のついたサトイモを塩ゆでにする。赤芽は、魚群が来たとき海面が赤らむのにちなんだものだという。

一月二日には、フナイワイ（船祝い）とかノリゾメ（乗初め）といって、漁船のフナガミサマ（後述）に供え物をしてから、船で西浦の大瀬崎（おせざき）にある大瀬（おせ）神社へ参詣し、村に戻ってから網組（あみぐみ）ごとに宴会をする。

一月一一日は、ツナウチ（綱打ち）である。これが、漁師の仕事始めとなる。家々から藁を持ち寄って、立網漁で使う各種の綱を作る。

一月一六日には、山の神の祭りをする。漁師たちが魚と御神酒（おみき）を供えて豊漁を祈願し、そのあと酒盛りをする。海村では、山の神も漁に関わる神様だった。

三月三日には網初めといって、漁師たちが浜辺で、藁で綯った（綯うとは、数本の藁などをより合わせて一本にすること）縄を使ってオオアミをすいた。寸法通りの網目を編む作業である。

四月四日は、大瀬神社の祭礼である。村々の漁師たちが、船に乗って参拝した。若い漁師たちは、赤い長襦袢を着たりして女装し、バカ踊りを踊って、豊漁と海上の安全を祈願した。

もちろん、これ以外にも、盆や彼岸など年間を通してさまざまな行事が行なわれていたが、漁業に関する特徴的な行事だけを抜粋した。ここから、漁業に関する行事が一月に集中していることがわかる。

以上は昭和五〇年度における聞き取りの結果だが、江戸時代はどうだったろうか。大川四郎左衛門家に伝わった、嘉永四年（一八五二）の「年中家事雑記」と題する史料などから、江戸時代の年中行事をみてみよう。

一月二日は、舟卸。津元たちが網船五艘（五組ある網組ごとに一艘ずつ）にそれぞれ供え餅・菱餅・もろ味酒・大根・芋・串柿などを供える。網船一艘につき、供え餅一飾り、菱餅三二枚、もろ味酒四升を供えた。供え餅は津元が引き取り、一月一五日に網子たちにふるまう小豆粥の中に入れた。菱餅・もろ味酒などは網子たちで分配した。

一月一一日は綱ない。藁で漁網に使う綱を綯う。このとき、網子たちには朝と昼の飯を出す。

一月一五日には、吉例として、大川四郎左衛門家において、五つの網組の網子たちに小豆粥を出して饗応する。これが、先にあげた大川四郎左衛門翁の回想にある「首つり粥」である（107

ページ参照、日にちは若干違う）。これを食べた網子は、その一年は津元に忠誠を尽くすものとされた。

一月一六日には、山の神へ鱠と御神酒を供える。

三月三日は網初め。三日ほどかけて網をすく。このとき、津元は網子たちを酒・鱠・餅などで饗応する。

四月一日には、「中宮」（長浜村にあるお宮）で浦祭りがある。また、四月中の吉日を選んで縄初めをする。当番に当たった津元・網戸持（網戸株の所持者、漁獲物の取得権者である。くわしくは139ページで述べる）が御神酒一升、白餅、豆入り鱠などを用意して、網子たちが浜辺で網を作っているその場で御神酒を開ける。その後、網子たちは津元宅に集まって酒宴を開いた。

五月五日には、大川四郎左衛門家で粽餅を作り、端午の節句の挨拶に来る人たちに配った。この粽餅を食べると、流行病にかからないとされた。

一二月二五日か二六日には、正月用の餅搗きをする。餅を搗くとき、網で魚を曳くときの「きやり」（音頭をとり、掛け声を掛けること）で搗くところが海村ならではといえる。

ここから、江戸時代の行事のかなりの部分が、昭和期まで伝承されていたことがわかる。

豊漁と安全を神仏に祈願

漁業は、農業と比べると豊凶の差が激しい。特に、内浦の漁業は、魚群が湾内に入って来るのを待って捕獲する、典型的な「待ちの漁業」である。内浦湾が魚群の通り道に当たっているため、漁師たちは魚群が来るのを待っていればよいのである。それは恵まれている反面、こちらから魚群を追い求めるわけではないから、魚群が来なければ漁は始まらない。しかし、魚群が来るか来ないかは、人の力ではどうにもならない。また、海上での操業には常に危険が付きまとう。そのため、漁師たちは、豊漁と漁の安全をさまざまな神仏に祈願した。

内浦をはじめとする奥駿河湾一帯の漁師たちの信仰を集めたのが、前述した大瀬岬にある大瀬神社である。四月四日の大祭には、村々の漁師たちが大勢船に乗って参拝に訪れた。また、集落の裏山には山の神が祀(まつ)られた。山の神といっても、海の豊漁を祈願する神である。さらに、内浦湾内の小島には、漁の神様である弁才天(弁財天)の社(やしろ)があった。

漁船には、フナガミサマ(船神様)と呼ばれる神様が祀られた。フナガミサマは一二枚の銭だったり、米・麦・大豆などの穀物だったりした。一二枚の銭は、一二か月を表すという。サイコロ・紙人形・人の毛髪などがフナガミサマとされることもあった(以上は『沼津内浦の民俗』に拠る)。

「漁師は乞食に次いでなりたくないもの」

昭和期の内浦には、漁師や漁業に関するさまざまな言い回しがあった。たとえば、「漁師は、まったく割に合わない商売だ」とか「一、二は知らないが、三に乞食(こじき)、四漁師」などと言われたという。後者は、漁師は、乞食に次いでなりたくないものだという意味である。また、沼津の町民や、村に住む農民たちは、子どもに「泣くと漁師の子にくれる」と言ったという。こうした言葉の背景には、漁業の不安定さや漁の厳しさについての認識があったのだろう。

その一方で、「長浜の漁師は贅沢だ。団子の皮をむいて食う」とも言われた。ひとたび大漁となれば、津元をはじめ漁師たちの懐が大いに潤ったからであろう。こうした対照的なイメージのどちらも、漁師の生活の一面を言い当てているように思われる。

「内浦では岡でマグロが獲れる」とか「マグロは岸をついて岡を歩く」などと言われた。これらは、マグロが内浦湾内では海岸に非常に接近して泳ぐことを言い表している。漁業をするには絶好の条件であり、内浦湾が好漁場たるゆえんである。

また、「長浜の漁師は下駄っ履き漁師だ」という言葉は、漁師たちが海岸の小屋で魚群の到来を待つ時間の長さを言い表したもので、海上よりも陸上にいる時間のほうがはるかに長いという意味である。漁期になると、漁師たちは、朝から日没まで、小屋に待機してひたすら魚群が来るのを待った。その間には、漁網の修理などの作業をしたが、時には博打を打ったりもしたらしい

（以上は『沼津内浦の民俗』に拠る）。

2　漁のチーム構成と、漁業税、利益分配——長浜村を例に

内浦・静浦・西浦の村々のなかでももっとも漁業がさかんだった長浜村を事例に、内浦の代表的な漁法である立網(たちあみ)漁の仕組みをさらにくわしく説明しよう。立網漁は、網戸(あんど)において行なわれた。

立網漁の漁場「網戸」と、漁のチーム構成

網戸とは、立網漁の漁場のことである。長浜村には網戸が五か所あり、西から小脇(こわき)・網代(あじろ)・宮戸(みやど)・小沢(おざわ)・二俣(ふたまた)（二又）と呼ばれていた（97ページの図17参照）。図でわかるように、網戸とは海岸に近い所にあり、魚が寄り付きやすい場所であった。網戸と網戸の間には、ネ（根）と呼ばれる岩礁(がんしょう)（海底の隆起した岩場）があり、ネによって網戸同士が区切られていた。網戸を設定するには、自村は元より、周辺村々の承認も必要とされた。網戸が勝手に新設されると、従来からある網戸での漁獲量が減少するおそれがあったからである。

立網漁は漁師たちがチームを組んで行なうものであり、そのチームを網組(あみぐみ)といった。網組も網戸の数と同じく五組あり、各組は津元(つもと)（網元、漁の統括者、指揮・監督者）一人、網子(あんご)（漁師）六人からなっていた。一網組には、二帖の大網（オオアミ、立網漁で用いる主要な漁網）が配備されてお

図25　立網漁で使われた網船

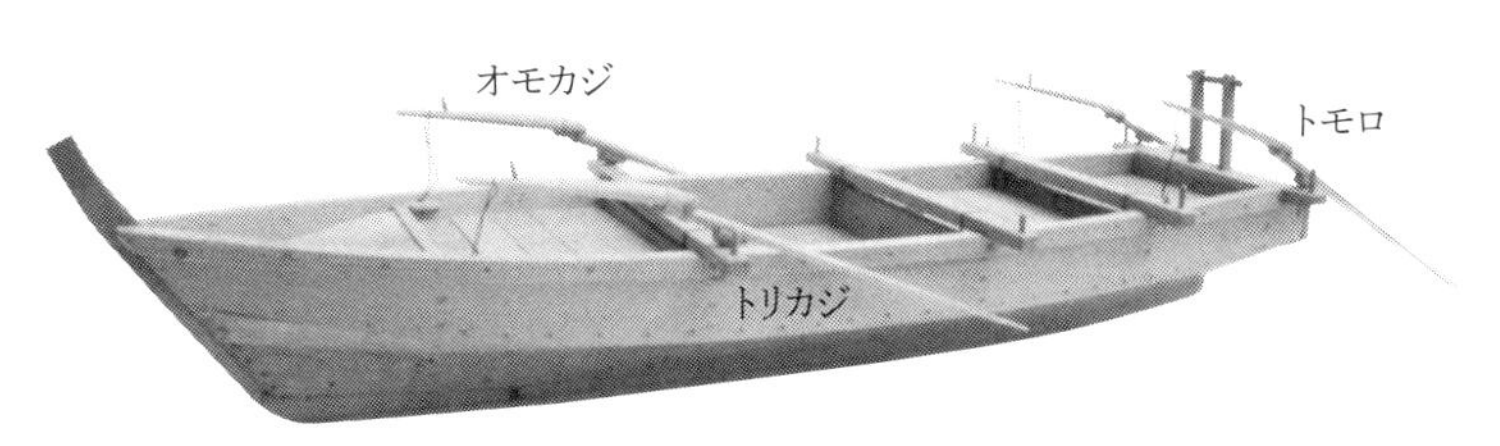

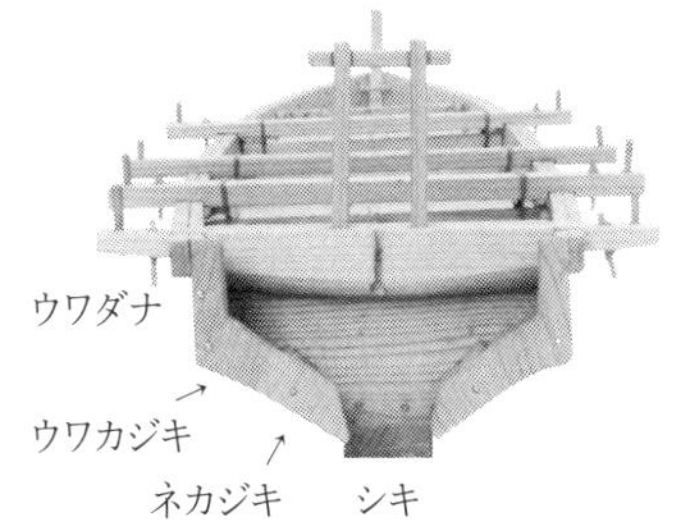

ウワダナは側板、シキは底板、ウワカジキとネカジキはウワダナとシキをつなぐ板である。漁師がオモカジ、トリカジ、トモロを操作して船を漕いだ

出所：沼津市歴史民俗資料館蔵

り、長浜村にあった五つの網組全体では一〇帖の大網があった。また、各網組には大網を積み込む網船（図25参照）が一艘ずつあり、その他の小船や各種の網（小立網・あて網・取網など）も付属していた。五つの網組は、それぞれ大網舟方・四郎次方・五郎左衛門方・三人衆方・法船方と呼ばれていた。

網組の統括者が津元である。津元は、中世以前における網戸の開拓者（網を曳くのに邪魔になる海底の岩石を除去したり、防波堤を築いたりして網戸の環境整備をした者）の子孫という由緒をもち、それを根拠に、戦国時代から網組を統括して立網漁を主導するとともに、網戸に対して強い権利をもっており、村内における社会的・経済的有力者だった。津元は、内浦の各村に数人ずつおり、いずれも同じ家が代々世襲していた。津元の家筋は固定していたのである。また、村の代表者である名主は津元のなかから選ばれていた。そして、名主にならない津元も、組頭などの村役人を務めていることが多かった。津元は、村の政治的指導層でもあったのである。

一方、一つの網組に属する網子六人のうちには、ミネドン（魚見）一〜二人、ヘラトリ二人、いや結（網に重りのイヤ石を結び付ける役）一人という役割分担があった。ミネドンは船には乗らず、陸上のミネで魚群が来るのを見張った。ヘラトリは網子たちのリーダーであり、津元と網子との橋渡し役や獲れた魚を商人に売る際の交渉役にもなった。

網戸は魚群が来やすい地形の場所に設定されるが、必ずしも自然のままではなく、網を曳きやすいように海底の岩を除去するなど、何らかの人手が加えられていた。そのため、当初はそうした漁場整備を行なった有力者（のちの津元）が、自身が開拓した網戸の占有利用権（漁業権）をもっていたと思われる。しかし、各網戸には優劣があったため（小脇網戸がもっとも漁場の条件がよかった）、江戸時代には各網組が五か所の網戸を回り持ちにして漁をすることで、網戸ごとの漁獲量の格差を平均化していた。

魚群が来る頻度の高い三月から九月までは二日ずつ、頻度の低い一〇月から翌年二月までは五日ずつ、各網組が五つの網戸を順番に回って操業したのである。三月から九月までの漁期には、大網を積んだ網船を岸につないでおき、網子たちはいつでも出漁できるように浜の小屋で待機していた。休漁期には、網船を浜に揚げ、網等の漁具は小屋に収納した。ただし、一〇月から翌年二月までの期間でも、魚群が来れば船を出して立網漁を行なった。

内浦のほかの村をみると、網戸は重寺に四か所、小海に二か所（一か所の時期も）、三津に三か所、重須に二か所（三か所以上の時期も）あった（各村の位置関係は93ページの図15参照）。また、網組は重寺に四組、小海に二組、三津に三組、重須に二組あった。各村とも網戸と網組の数が同じであり、各網組は長浜村と同様に網戸を順番に回って操業していた。ただし、魚群の規模が大きいときには、臨時に担当の網戸の区別をなくして、村のすべての網組が共同で漁をしたり、複数の村が共同で漁をしたりすることもあった。

漁獲物取得権者「網戸持（あんどもち）」とは

網組の漁獲物は、本来はその網組に属する津元と網子の間だけで分配されていたと思われるが、江戸時代の初期から漁獲物の取得権（漁業の収益権）は売買・譲渡・質入れの対象となり、全漁獲物の二分の一とか四分の一とかの取得権というかたちに細分化されて、網組メンバー以外の者の手にわたることがあった。こうした漁獲物の取得権を網戸株（あんどかぶ）といい、網戸株の所持者を網戸持（あんどもち）といった。

網戸株が分割所有されれば、一網組に数人の網戸持が存在することになる。網戸持は、船や網などの新調・修繕の費用を負担し、領主に納める漁業税（浮役（うきやく）、後述）も負担する代わりに、所有する網戸株数に比例して漁獲高の一定割合を受け取った。

元々は津元一人が網戸持でもあるという関係だったと思われるが、その後津元が自身のもつ網戸株の一部を、二分の一とか四分の一とかいうかたちで切り売りすることによって、一つの網組に複数の網戸持が生まれたのである。

津元と違って、津元以外の網戸持は必ずしも実際の操業に携わらなくてもよかったので、資本さえあればほかの村の者でも網戸持になれた。そのため、江戸時代には津元ではない網戸持もかなりいたが、一方、江戸時代を通じて、津元はほぼ網戸持を兼ねていた。

現代の企業になぞらえれば、津元＝経営者（社長）、網子＝労働者（従業員）、網戸持＝資本家（株主）という関係になろう。津元は網子たちを統括し、網子たちは海上で実際に立網漁を行なう。これは、現代企業において、社長の指揮のもとで、従業員たちが実際の仕事を行なうのと似ている。現代企業のなかには、経営者が全資本を出資するオーナー企業もあるが、これは津元が自分の網組の全網戸株を所有している場合に当たる。

一方、現代の株式会社では、複数の株主が出資して株を分け持ち、その持株数に応じて配当を受け取る。株主は、株主総会で発言したりはするものの、日常的な会社の運営は経営者と従業員に委ねている。同様に、津元が網組経営のために外部資金が必要になった場合、網組からの漁獲収益の一部を提供することと引き換えに、ほかから資金を調達する。こうして、資金提供の対価として、漁業収益の一部の取得権（これが網戸株である）を得た者が網戸持である。網戸持は現代企業の株主に当たり、株という名称（網戸株と企業株式）も共通している。

網戸持は、網戸株を入手する際に代価を支払い、その後も毎年漁業税や漁具の維持費を負担す

図26　長浜村の網組の概念図

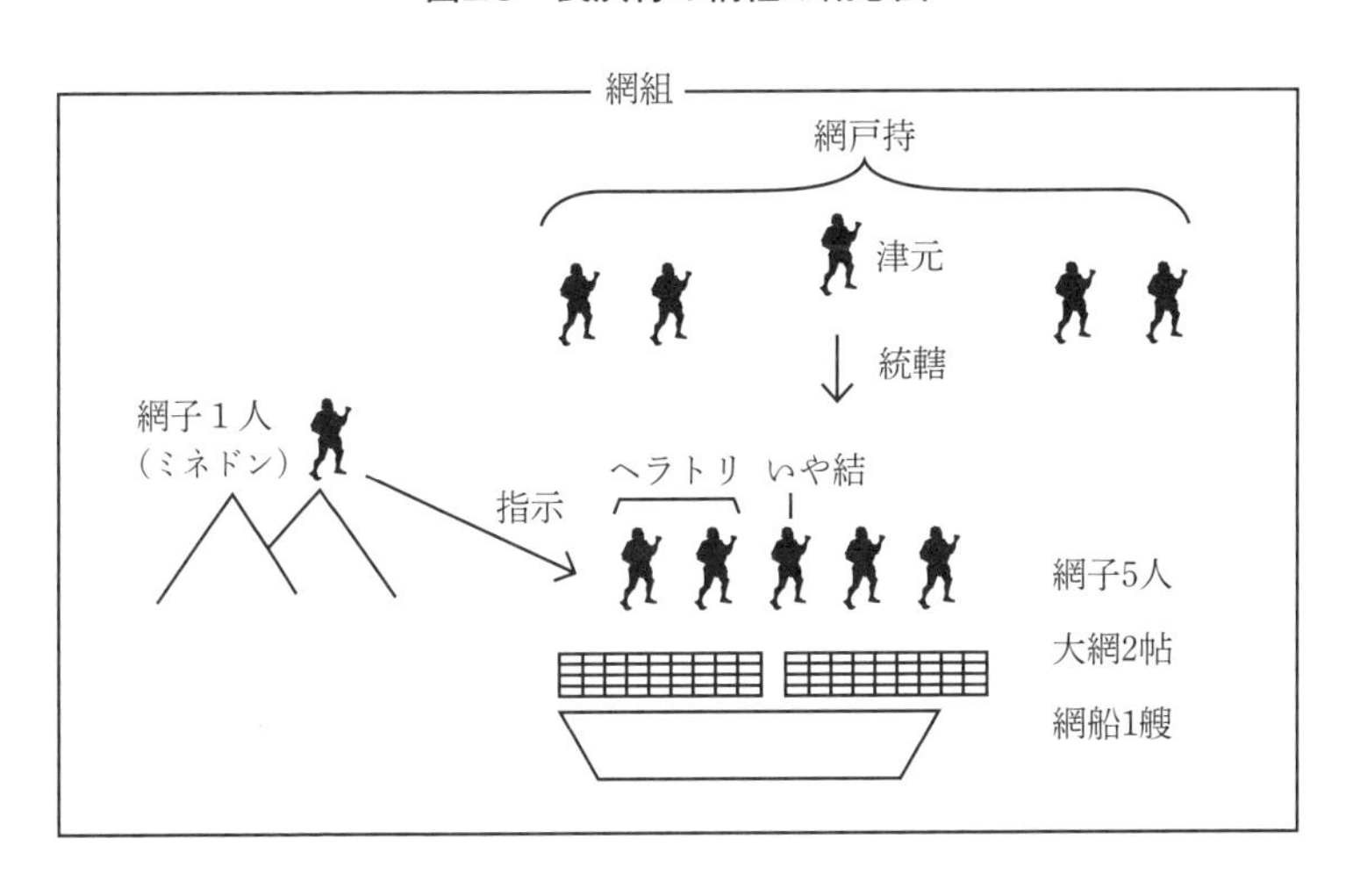

る代わりに、漁のたびに所有する網戸株数に応じた収益分配を受けた。しかし、実際の漁は津元と網子に任せて、自分は日常的に立網漁に携わる必要はなかったので、資金さえあれば、ほかの網組の津元でも他村の者でも、場合によっては網子でも網戸持になれたのである。

なお、一つの網組には二帖の大網があったことから、一網組の網戸株は二帖と数えられた。ただし、二帖をその網組の津元が全て所有していることは少なく、二帖の網戸株が二分の一帖とか、一と三分の一帖とかに分割されて、数人の網戸持に分有されている場合が多かったのである。

そして、現代でも、オーナー企業以外の企業においても、社長が自社の株式を一定数保有して株主でもあることが多いのと同じように、津元も網戸株が複数の網戸持に分割所有されるようになってからも、二分の一帖とか、一と四分の一帖とか、常に一定割合の網戸株は自分で保持し続けた。すなわち、津元は網戸持でもあったのであり、また網戸持には津元である網戸持（これは網組に一人だけ）と、津元以外の網戸持とがいたのである。

したがって、一網組は、津元（網戸持を兼ねる）一人、網戸持一人以上（網戸持一人とは、津元だけが網戸持の場合）、網子六人、網戸株二帖、大網二帖、網船一艘から成り立っていた。

重くのしかかる三つの漁業税

先にみたような漁法で獲った魚は、その一部を漁業税として領主に上納し、残りを津元・網戸持・網子で分け合った。漁業税としては、浮役・分一役・網船役があり、分一役には立漁三分一と釣漁十分一があった。

まず、浮役とは、網戸を占有利用し、網戸からの漁獲物を取得する権利（漁業収益権）を保証される対価として網戸持が納めるもので、毎年定額の米を領主に上納した。浮役は、網戸の占有利用税といえる。これを納めることによってはじめて、網戸で漁をする権利を得て、その漁獲物を取得できた。

網戸持は、所持する網戸株の割合に応じて浮役を負担した。たとえば、一網組の二帖の網戸株を三人の網戸持が二：一：一の割合で分割所持している場合には、浮役も三人が二：一：一の割合で負担したのである。ただし、浮役の一部は網子たちも負担しており、網戸持だけが全額を負

図27　3つの漁業税（長浜村のケース）

① 浮役

毎年定量の米を領主に上納
☆負担者：網度持（持株比率に応じる）
※網子も一部負担

② 分一役

漁獲物の販売額（漁獲額）から
漁の諸経費等を引いた額のうち
一定割合を金銭で領主に上納
‖
・立網漁の場合は3分の1
・釣漁の場合は10分の1　☆負担者：各網組

※分一役の課税対象はマグロ、カツオなど特定の魚種に限る

③ 網船役

網船に課される税
☆負担者：網度持

担したのではなかった。正確にいえば、網子の負担分以外の浮役を、網戸持たちが持株数に比例して負担したのである。

一七世紀における浮役の負担は非常に重いものだった。長浜村の浮役は米四四石余で、これは同村の村高（村全体の石高）四三石余よりも多い。年貢は村高の三〜五割程度だから、浮役は年貢よりもはるかに重い負担だった。長浜村の百姓たちは、陸上にある所持耕地については年貢を納め、海上の網戸利用に関しては浮役を納めたのである。農業にも漁業にも課税されたわけである。領主は、当然のことながら、収益の多い産業分野により多く課税するから、年貢

よりも浮役のほうが多いということは、長浜村の百姓たちが農業よりも漁業によって多くの収入を得ていたことを示している。まさに、漁業が村の基幹産業であった。

しかし、長浜村を含む内浦六か村の百姓たちにとって、浮役の重い負担は耐え難かった。そのため、内浦六か村では幕府に対して繰り返し浮役の減免を求める嘆願を行ない、ついに元禄二年（一六八九）に、浮役を従来の三分の一に減額するという成果を勝ち取った。三分の二減免という大きな成果だったが、以後も浮役の負担自体が完全になくなることはなかった。

次に分一役だが、これは毎回の漁で獲れる漁獲物の販売額（以後、漁獲額という）から必要経費等を引いた残額のうちの一定割合を、各網組から貨幣で領主に上納するものである。浮役が漁獲額の多少にかかわらず、毎年定額を納めるのに対して、分一役のほうは、漁には豊漁もあれば不漁もあり、漁獲額は年によって変動するから、それにともなって毎年額が変動した。浮役は定額課税であり、分一役は定率課税だった。

浮役と分一役の関係を、現代の土地に関わる税制になぞらえて説明しよう。今日、私たちが土地を所有して、そこに賃貸住宅を建てて家賃収入を得ている場合を想定してみる。この場合、所有者は、まず土地を所有していることに対して固定資産税を課される。それに加えて、賃貸住宅の家賃収入に対しては所得税が課される。一か所の土地から、二種類の税金を納めるわけである。

これと対比すると、浮役は固定資産税に、分一役は所得税に相当する。すなわち、浮役は網戸持が、網戸の占有利用権および網戸からの漁獲物取得権（漁業収益権）という権利をもっていること自体に対して課されるもので、実際の漁獲額の多少とは関係ない。それに対して、分一役は漁業収益に対して課されるもので、漁獲額に比例して増減する。もしも、漁獲額が皆無の年があれば、分一役は納める必要がないが、浮役は例年どおり納めなければならない。浮役を納めることで、漁を行なう前提としての漁場（網戸）の占有利用権（漁業権）が認められたが、そのうえで、そこで実際に漁をして漁獲があれば、さらにそれに対して分一役が課されたのである。これは、現代において、仮に賃貸住宅の借家人がすべて退去してしまい、家賃収入がゼロの場合、所得税は納める必要がないが、固定資産税は課税されるのと同様である。

なお、どんな魚も分一役の課税対象になるわけではなかった。分一役が課されるのは、マグロ・カツオ・ウヅワ（マルソウダガツオ）・シブワ（ヒラソウダガツオ）・イルカなど特定の魚種に限られ（厳密にいえばイルカは魚ではないが）、ほかの魚種には課税されなかった。分一役が課される魚種を、立魚（たちうお）といった。仮に、同じ網で、立魚とそれ以外の魚がともに獲れた場合、立魚の漁獲額のみが分一役の課税対象とされた。

また、分一役には立漁三分一と釣漁十分一があった。前者は立網漁の漁獲額に、後者は釣漁の漁獲額に対して課された。分一役は、漁獲額から必要経費等を引いた残額の一定割合を納めるのだが、立網漁の場合は残額の三分の一を、釣漁の場合は残額の十分の一を納めた。三分の一を納めるから立漁三分一（立漁とは立網漁のこと）、十分の一を納めるから釣漁十分一というわけである。立魚は立網漁でも釣漁でも獲ることができたが、立網漁の漁獲高のほうが圧倒的に多かったため、課税率も立網漁に対する立漁三分一のほうが高かったのである。

最後に網船役だが、これは網船に課される定額の税で網戸持が負担した。長浜村全体では、一つの網組に一艘ずつ、合計五艘分の網船役を網戸持たちが持株比率に応じて分担して負担した。

漁獲物は漁師たちにどう分配されたか

立網漁の漁獲物はその一部を立漁三分一として領主に上納し、残りを津元・網戸持・網子で分け合ったのだが、その配分方法はどのようなものだったのか、以下長浜村を例にとってみていこう。そこでの分配方法は、獲れた魚をみんなで適当に分け合うといった牧歌的なものではなく、厳密なルールが定められていた。基本原則としては、次のようなかたちになっていた（以下では、魚の販売額ではなく、魚の本数で示す。元の史料でそうなっているからである）。

①一網組が行なった漁で水揚げされた魚を仮に一〇〇本とすると、まず「水引（みずひき）」という名目で、そこから四五本を引く。

②次に、残りの五五本の一五パーセントに当たる八・二五本を「十五引（じゅうごひき）」という名目で引く。一五パーセントを引くから「十五引」である。

この「水引」と「十五引」は漁の諸経費等であり、そのなかには、漁船や漁具の修理費用、神社・寺院への奉納物の費用（豊漁への感謝の気持ちを表すわけである）、津元・網子の役職手当などが含まれる。津元は漁の統括という固有の役割をもち、網子のなかにもミネドン・ヘラトリ・い

図28　立網漁の漁獲物の分配方法(長浜村のケース)

1網組の漁獲量が魚100本だとすると…
↓
①「水引」として45本を引く→残り55本
②「十五引」として55本の15%を引く→残り46.75本
漁の諸経費等(津元・網子の役職手当含む)
③ 46.75本の3分の1を領主に上納(立漁三分一)
残り31.17本
↓
これを
網戸持:網子
＝3:1
で分配

や結といった役割分担があった。それらに対する役職手当が「水引」「十五引」のなかから渡された。

③残りの四六・七五本の三分の一に当たる一五・五八本を、分一役の立漁三分一として領主に上納する。すなわち、税率は一五・五八パーセントとなる。今日の所得税も、収入のうちから一定額を必要経費として控除した残額に対して課税されるのと同様である。

④最後に残った三一・一七本を、網戸持と網子の間で三対一の割合で分配する。それを、さらに網戸持と網子たちがそれぞれの間で分配する。網戸持たちは各自の持株数に応じて分配し、網子の取り分は六人の網子たちで均等に分け合うのである。

そして、津元は網戸持でもあるため、その持ち株数に応じた額を受け取るとともに、津元としての役職手当も受け取るので、津元ではない網戸持と比べて受取額は多くなる。また、網子たちは網子分の受取額を六人で分けるのだが、役職手当があるため六人の受取額には差があった。

以上が収益分配の基本原則である。実際の収益分配は、大枠ではこの基本原則をふまえつつ、年代やそれぞれの網組によって、基本原則に若干の改変を加えたかたちで柔軟に行なわれていた（本項は鈴木謙克氏の研究に拠る）。

漁業の仕来り「長浜村口上書」

寛延（かんえん）三年（一七五〇）一一月、長浜村の津元三人と網子の代表五人が、幕府の三島代官所に提出した「長浜村口上書」という文書には、同村における漁業の仕来りが詳しく記されている。以下、前記の説明と重複する部分もあるが、確認の意味も込めて、そのうちの主要部分を紹介しよう（一部、史料を改変した部分がある）。

長浜村では、立網漁と釣漁をしています。釣漁については、津元は関与せず、網子たちが勝手にやっています（網子たちは、そのための釣船ももっている）。釣漁の漁獲物は、漁に出た網子たちの間で配分し、津元は関知しません。

当村には、立網漁の網戸場（網戸）が五か所あります。津元は三人おり、この三人で以前から網戸場を受け持ってきました。網子は、当村の百姓がなります。立網漁をする網組は五組あり、各組に網船が一艘ずつあります。津元の一人がそのうちの三組を統括し、あとの二人が一組ずつを統括しています。一組の網子は六人です。

網戸場の条件には甲乙があるので、一か所ごとに所持者が決まっているわけではありません。立網漁の漁期には、津元の率いる網組が五か所の網戸場を順番に廻って、持ち場になった網戸場で立網漁をしてきました。

三組の網組と三艘の網船を統括している（大川）四郎左衛門は他の津元と違って、大きな魚群が来たときには、どこの網戸でも津元として立網漁をすることができます。網戸を所持している津元三人は、毎年浮役一四石七斗を上納しています。津元の権利は、村の決まりで増減はなく、三人以外の者に渡すこともありません（この点は、分割や売買・譲渡が可能な網戸株とは異なる）。

それぞれの津元に属する網子は前々から決まっていて、網子は所属する津元を自由に変えることはできません。網子の暮らしが成り立たないようなときは、津元が面倒をみます。他方で、網子に不埒な行ないがあった場合は、船に乗せません。

漁船や網類の新調や修復は、すべて津元が行ないます。網の新調や修復にかかる費用は、漁獲高のうちから取ります（「水引」や「十五引」の一部。残りの費用は網戸持が負担）。立網漁の際には、網船の他にも、津元と網子がそれぞれもっている小船などを出します。

網組一組ごとに、魚見（ミネドン）一人、ヘラトリ二人、いや結一人がいます。これらは、いずれも六人の網子のなかから選ばれます。

3　海村の人びとは漁だけで生きたのか

津元支配ではなかった久料村

以上みてきた長浜村の立網漁とはまったく異なるかたちで、立網漁を行なう村もあった。西浦に属する久料（くりょう）村は、戸数一五戸（うち一戸は寺）、人口八〇人ほどの小さな村だった。村の前の海底には大きな岩がゴロゴロしており、また海岸は風波が激しく船を係留するには不向きなため、漁業に適した自然環境とはいえなかった。そのため、幕末には、村人たちは漁業は行なうものの、むしろ林業に比重を置いていた。専業の漁師はいなかったのである。林業では、集落の背後の山から薪などを伐り出して、船で江戸や沼津に運んでいた。

こうした久料村でも、マグロやカツオの立網漁がときどき行なわれていた。立網漁は、長浜村などと同様に、津元を中心に網組を組織して行なった。ただし、その内実は、長浜村などとは大きく異なっていた。長浜村の津元は、網戸持を兼ねる漁業経営者であり、網子とは隔絶した地位にあった。

これに対して、久料村では、長浜村の津元や網戸持のような漁業面での有力者がいなかったため、網戸や漁具は村全体の共有物だった。専用の漁船はなく、漁のときは、薪などの運搬船を漁船に転用していた。また、久料村の場合、津元は名主が職務の一環として務めており、ここでの津元は立網漁の指揮は執るものの、長浜村の津元のような強い力はなかった。久料村では、立網漁は村全体の共同経営だったのである。漁獲額の配分において、津元は網子の二倍の額を受け取るに過ぎなかった。隣の足保（あしぼ）村の立網漁も、同様の経営形態であった。

久料村では漁業が生業の中心ではなかった。そうした村での漁業は、立網漁という漁法の点では長浜村などと共通していながら、その実態は村のあり方に規定されて、より村人たちの平等性と村全体の共同性が前面に出たかたちになっていた。このように、近隣の村同士でも、村や漁業のあり方をみると、共通点とともに大きな相違点も存在したのであり、こうした多様性が海村の特徴であった（本項は山口徹氏の研究に拠る）。

漁業、林業、農業の密接な関係

漁業と農業が密接にかかわっていることについては第一部で述べたが、それは内浦においても同様だった。また、そのあり方は海洋資源の変動とも結びついていた。

海洋を回遊する魚類の資源量は、今日に至るまで数十年単位で増減を繰り返してきた。それは、地球規模の気候変動という自然的要因に、乱獲などの人為的要因が加わって生じる。江戸時代の内浦では、①一六八〇年代前半、②一七二〇年代前半、③一七六〇～七〇年代前半の三つの時期に、とりわけ激しい不漁期があった。ほぼ四〇年間隔である。なお、①の不漁期は、一七世紀半ばから続く長期の不漁の一環であった。

こうした不漁期には、漁業面での減収を補うべく、村の裏山での燃料用の薪採取と販売が活発化した。漁業の減収を、林業での現金収入の増加によってカバーしようというのである。その結果、不漁期には、山林資源をめぐって、山林がどちらの村の領域に属するかといった村同士の権益争いが起こった。また、集落付近の木を伐り尽したために、薪の採取場所がさらに奥山に移っていくといった事態もみられた。加えて、農業収入の増加を目指して、山林を切り拓いて畑にする動きも進んだ。

耕地の拡大によって山林面積が減少し、さらに薪用にナラ・カシなどが大量に伐採されると、それらの実であるドングリを食べるイノシシが餌不足になって、田畑の作物を食い荒らす獣害が顕著になった。耕地の拡大と山林資源の過剰採取が、獣害増加というかたちで農業にはね返ってきたのである。そのため、村人たちは、猪垣（竹・木や石で造った、猪・鹿などの侵入を防ぐための施設）の設置や補強を行なって、農作物を守らなければならなかった。

このように、漁況の変動は、漁業だけでなく、林業・農業のあり方にも大きな影響を与えた。内浦の村人たちは、漁業・林業・農業を組み合わせて生活の糧を得ており、漁業が不振のときは、林業や農業からの収益でそれをカバーしていたのである。ただし、不漁が長期にわたったり、あまりに激しかったりしたときには、林野に過剰な利用圧力がかかり、それによって森林資源の涸渇や獣害の増加といった別の問題を生み出すこともあった（本項は高橋美貴氏の研究に拠る）。

戦国〜江戸初期の海村の生業

以上みたように、当地域の村人たちは、さまざまな生業を組み合わせることで、最大の収入を安定的に得ようと努力していた。この点を、当地域の村々を広く見渡し、村々をいくつかのタイプに分類することで、さらに深めてみよう。戦国期から江戸時代初期の内浦・西浦地域の村々は、生業のあり方によって以下の四類型に分けられる。

Ⅰ型……農業と製塩業を生業とする小・中規模な村落

久料・足保・古宇（こう）・立保（たちぼ）・平沢・久連（くづら）の六か村がここに含まれる。Ⅰ型はさらに、製塩業を中心とする久料・足保と、農業を中心とする古宇・立保・平沢・久連とに分けられる。

Ⅱ型……農業・漁業・製塩業を生業とする大規模な村落

木負（きしょう）・重須（おもす）の二か村がこれに当たる。両村とも農業中心の村落であるが、漁業も行なっているという点でⅠ型とは異なる。製塩業も行なっているが、その比重は小さい。

Ⅲ型……農業・漁業を生業とする中・大規模な村落

長浜・三津（みと）・小海（こうみ）・重寺（しげでら）の四か村である。Ⅲ型は、製塩業を行なっていない点がⅠ・Ⅱ型と異なる。長浜村は漁業中心の村であり、典型的な漁村である。これに対して、三津村は漁業も行なっているが、農業の比重のほうが大きい。また、三津村には廻船があり、海運業が営まれていた。同村は、当該地域の流通拠点であった。

Ⅳ型……農業・漁業・製塩業を生業とする中規模な村落

江梨一か村がこれに該当する。漁業中心の村落であるが、農業・製塩業も営んでいた。

このように、隣接する海村であっても、その生業構造は村によって違いがあり、また海に面しているからといってすべての村が漁業を主体としていたわけでもなかった（本項は則竹雄一氏の研究に拠る）。

幕末〜明治期の海村の生業

次に、幕末から明治期にかけての生業のあり方をみよう。

幕末期の村々の生業構造を示したのが表2である。農業については、一戸平均の所持石高が二石以上の村をA、一石以上二石未満の村をB、一石未満の村をCとした。漁業・林業については、それらが村の生業に占める比重の高いほうから順にA、B、Cのランクを付けている。

表2から、重寺村は漁業中心の村、久料村は林業中心の村、小海村と江梨村は漁業と林業が中心の村、三津村・長浜村は漁業と農業の村（ただし、長浜村は漁業の比重がかなり高い）、重須村は農業半分、漁業・林業が半分の村、平沢村は農業と林業の村であったといえる。

表2　幕末期の内浦・西浦村々の生業

		農業	漁業	林業	類型
第六区（内浦村）	重寺村	C	A	C	漁業中心の村
	小海村	C	B	B	漁業・林業の村
	三津村	B	A	C	漁業・農業の村
	長浜村	B	A	C	漁業・農業の村
	重須村	A	B	B	農業半分、漁業・林業が半分の村
第五区（西浦村）	平沢村	A	C	A	農業・林業の村
	久料村	C	C	A	林業中心の村
	江梨村	C	A	B	漁業・林業の村

出所：山口徹『近世海村の構造』（吉川弘文館）より

次に、明治二五年（一八九二）前後の当地域の村々の生業構造をみると、漁業が七〇～九〇パーセントを占める重寺村・長浜村、ほぼ五〇パーセントの小海村・江梨村、漁業の比率は三〇パーセントで、林業に依存する度合が高い久料村・足保村、農業比率の高い木負村・立保村・平沢村・重須村、それに漁業の比率がわずか一〇パーセントで、五〇パーセントが商業・水産加工業で占められている三津村といった具合になっていた。三津村は、この地域の漁獲物の加工・流通の中心地であり、町場的な村であった。

幕末期と明治二五年前後の生業構造を比較すると、重須村が明治期のほうがやや農業の比重が多くなっていることと、三津村が漁業よりも商業・水産加工業の比重を大きくしているほかは、ほぼ同じ傾向を示しており、この地域の海村の幕末から明治中期にかけての変化はそれほど大きなものではなかった。

さらに、幕末・明治期のありようを戦国期から江戸時代初期と比べると、製塩業の衰退といった変化はあるものの、各村の生業構成の大枠は連続しているといえよう（本項は山口徹氏の研究に拠る）。

津元の漁業離れと村民の漁業進出――重須村の例

続いて、内浦の重須村を取り上げて、村の内部に分け入ってみよう。

重須村の江戸時代中・後期における生業暦は、表3のようなものであった。農耕（農業）と薪切り（林業）とは時期がずれているが、この両者と立網漁（漁業）とは一部時期が重なっている。薪は、近隣の戸田（へだ）村の廻船によって江戸などに運ばれていた。

明治後期から大正期のようすをみると、大枠としては江戸時代中・後期との連続性をみてとれるが、明治後期から大正期には津元制度はすでに消滅して、立網漁は村の漁業組合の経営になっており、漁法においても大謀網（だいぼうあみ）（定置網の一種）が導入されるなど、無視し得ない変化が起こっていた。農業面での変化としては、ミカン栽培の導入があった。

文政（ぶんせい）六年（一八二三）の重須村の戸数は五四戸で、そのうち津元一戸、網子一一戸であった。彼らは漁業を中心的な生業にしていたが、残る四二戸は農業・林業を生業の軸にしていた。

安政（あんせい）三年（一八五六）の各村民の所持石高をみると、すべての村民が土地を所持していたもの

表3　江戸時代中～後期、重須村の生業暦

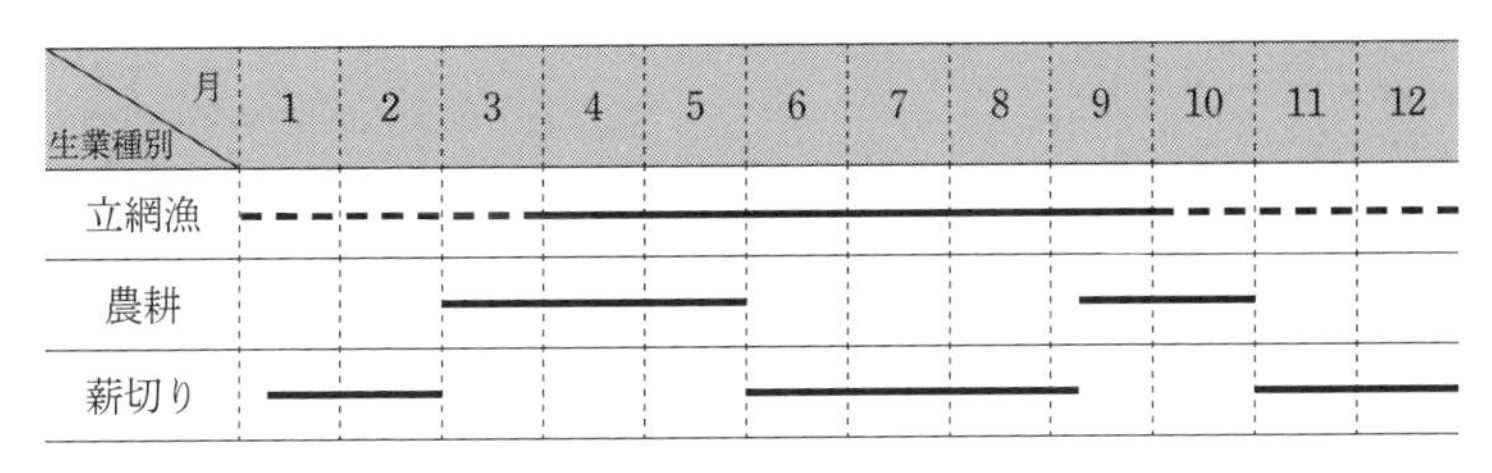

注：破線は立網漁がまれに行なわれることを示す

出所：中村只吾「近世後期～明治前半期の沿岸村落における生業秩序」より

の、所持石高は津元など一部の者を除いて零細なものであった。したがって、所持地での農業だけで生計を維持するのは困難であり、多くの村民は小作をしたり、漁業・林業にも携わったりして暮らしを立てていた。

そこから、村民のなかには、江戸時代後期以降になると、新たに漁業に参入したいという思いを抱く者も現れた。その結果、明治二四（一八九一）～二五年ころには、全戸数五八戸のうち三六戸（六二・一パーセント）が漁業を主要な生業としており、村民の漁業への依存度は高まる傾向にあった。

重須村の津元土屋家は、自村に多くの耕地・山林を所持するのみならず、他村にも土地を所持して、そこを小作人に耕作させる小作地経営を行なっていた。同家が立網漁の中心になっていたことはいうまでもない。さらに、金融業も営み、一九世紀にはしだいに漁業から金融業へと経営の比重を移していった。これは村民の漁業進出傾向とは対照的であり、漁業における津元の比重低下と村民の漁業進出との総和として、明治二四～二五年ころの重須村の生業比率は漁業三分、農業七分となっていた。

農業が主で漁業が従である点では江戸時代と変わりないが、漁業の内実においては大きな変化が起こっていたのである。また、村全体でみても、家ごとにみても、それぞれの置かれた環境や状況に応じて、複数の生業が選択的に組み合わされていた点は時代を超えて共通していた。どの家も、複数の生業を組み合わせて、世帯の総収入を最大化するよう工夫・努力していたのである（本項は山口徹・中村只吾両氏の研究に拠る）。

4 海村の景観と、魚の売買・輸送ルート

山と広大な屋敷をもつ津元

今度は、静浦（しずうら）の獅子浜（ししはま）村を取り上げて、海村の景観を眺めてみよう（景観は図29参照。村の位置は93ページの図15参照）。現在は、国道四一四号線が海岸に沿って獅子浜村を南北に縦貫している。しかし、村域のはずれで山が海に向かってせり出しているため、江戸時代には隣村との間には細い道しかなく、隣村へ行くにも船を使う必要があった。

獅子浜村の地形をみると、西側が南北に延びる砂浜で、砂浜の東側に若干の平坦地があり、そ

図29　幕末維新期における獅子浜村の家々の並び

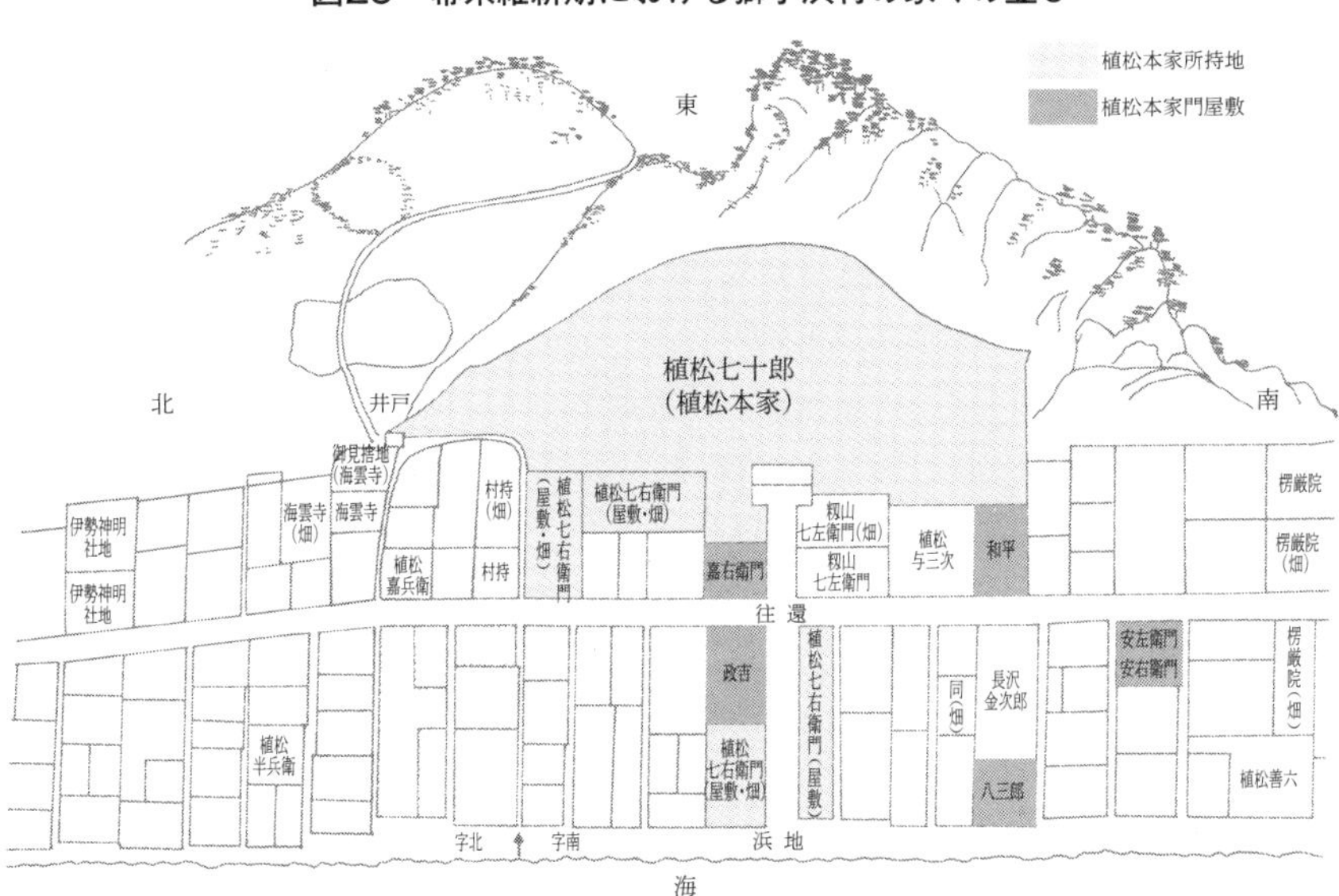

出所：長谷川裕子『中近世移行期における村の生存と土豪』に掲載の図（植松家〔原家〕文書）をもとに作成

の背後にはすぐに急峻な山が迫っている。平坦地が少ないため、村人たちの家は、平坦地のうち、砂浜と山の間を南北に通る道（図29の「往還」）の両側に、細長く軒を連ねていた。同村の戸数は、延享三年（一七四六）に九五戸だった。

江戸時代を通じて、獅子浜村の津元兼名主であった植松家は、集落の中央部東側に山を背負って広大な屋敷を構えていた。屋敷から海岸へは、「往還」と直交するかたちで、まっすぐに道が通じていた。この道の両側の土地も植松家の所有地であり、その一部には植松家が津元を務める網組の網子（植松七右衛門）が住んでいた。

また、植松家には、屋敷の背後（東

方）に拡がる山の中に広大な所有地があり、そこから漁船を造る資材や、船・網を乾かす燃料用の薪などを得ていた。同家は、村の中央部にある屋敷を中心に、裏の山から浜までの土地を一体として所有し、山林資源も利用しながら漁業活動を営んでいたのである。

　海と山に挟まれた狭い平地に、家々が道沿いに細長くかたまって並び、その一角に津元が立派な屋敷をドンと構えるという景観は、長浜村でもみることができる（本項は長谷川裕子氏の研究に拠る）。

一か村が決議した魚売買のルール

　漁師たちは、獲った魚を売った代金のなかから分一役を納め、その残額を手取りとして、それで生活物資を購入していた。耕地が少なく、食糧の自給が困難な海村では、漁獲物の販売が不可欠であった。内浦・静浦・西浦地域において、漁獲物の販売を目的とした漁業がさかんになったのは江戸時代のことであるが、もちろんそれ以前から当地域では漁業が営まれていた。戦国時代には、江戸時代同様に、網戸においてマグロ・カツオ・イルカなどを対象とした立網漁が行なわれ、当地域を支配した北条氏などの戦国大名は塩鯛（タイの塩漬け）やイルカの「垂漬（たれづけ）」（イルカの肉を醤油に漬けて干したもの）を上納させた。イルカの「垂漬」は、軍隊用の保存食にされた。

　江戸時代の初頭にはクジラも捕獲されたが、クジラ漁はすぐに行なわれなくなった。それは、漁の際に銛（もり）で突かれたクジラから海面に流れ出る油や血のせいで、他の魚が寄り付かなくなるからであった。また、マグロ・カツオなどは「鯨子(くじらご)」と呼ばれて、クジラとともに湾内に入ってくることが多かったので、その意味からもクジラは保護されるようになった。

天保(てんぽう)三年（一八三二）八月に、重寺・小海・三津・長浜・重須・木負（以上、内浦）・立保・古宇・足保・久料・江梨（以上、西浦）の一一か村の津元らが、漁獲物売買の仕方について議定書(ぎじょうしょ)を結んでいる。そこには、以下のように記されている。

漁があった際には、内浦から沼津宿まで、入札(いれふだ)を呼びかける触れを回す。すると、商人たちが大勢やってきて、入札で魚の値段を決める。落札した者へは、五日もしくは一〇日後に代金を受け取る約束で、魚を売り渡してきた。

ところが、近頃、商人の気風が悪くなり、「魚の値段の下落によって損失が出ている」などと偽りを言って、魚を安く買い取ろうとすることがしばしばある。それを断ると、損失を理由に、魚の代金の支払いを先延ばしにしたりする。あるいは、商人たちが仲間（同業者組織）をつくって相談して、気に入らない村へは、漁があっても一人も買いに行かないこともある。そうやって、獲った魚を売り捌けないようにして、漁師たちをたびたび困らせている。そこで、重寺村から江梨村までの一一か村の村役人（村役人の多くは津元が兼任）・津元らが集まって相談し、以下の内容を取り決めた。

一(ひとつ)、これまでの仕来りを守って、万事穏便に取り計らう。たとえ、商人が不埒なことを言ってきても、できるだけ堪忍して、訴訟などで幕府に苦労をかけないようにする。

一、入札で値段を決めた以上は、商人からどのように頼まれようとも、一つの村だけの判断で金銭的援助をしたりしない。ただし、商人が買った魚を江戸や上方（大坂・京都などの関西圏）方面へ送る途中で船が難破した場合には、特例として適宜援助を行なう。

一、いずれかの村で漁があったときに、商人たちが申し合わせて村に来ないか、または獲った魚を買い取らないようなことがあった場合には、たとえその商人たちがその後に他の村々へやってきても、一本たりとも魚を売らない。そのとき獲れた魚は津元たちが分担して売り捌く。

一、商人たちが申し合わせて、入札で買った魚の代金の支払いを滞らせたり、漁があっても村に来なかったり、または根拠のない難題を言い掛けてきたりした場合には、やむを得ず、代表を立てて領主に訴え出る。それにかかった費用は、一一か村で分担して出金する。

なお、この文書は、嘉永七年（一八五四）八月に、立保・古宇・足保・久料・江梨の西浦五か村の名主・津元らによって再確認されているが、そこには次の一か条が付け加えられている。

一、近年、釣漁や長縄漁（＝延縄漁、40ページ参照）をする船が網戸の近くまで漕ぎ寄せて、餌を撒いて漁をするので、立網漁の支障になることがしばしばある。特に、長縄漁は回遊魚を獲るので、大いに立網漁の妨げになる。そこで、今後は、そうした漁船がいたら、こちらから船を出して追跡し取り押さえる。その後の処置は五か村で相談して決める。かかった費用は、五か村で分担して出金する。

この箇条から、当地域での中心的な漁法は立網漁であり、その支障になる釣漁・長縄漁などは規制の対象とされていることがわかる。

魚商人と対等に渡り合う

この議定書から、魚の売買に関して次のようなことがわかる。

①漁があったときは、内浦から沼津宿におよぶ一帯の魚商人たち（問屋・仲買）に連絡し、集まった商人たちの入札によって売買価格を決定する。

②商人たちが買った魚は、遠く江戸や関西方面にも運ばれる。

③商人たちは同業者組織（仲間）をつくっており、仲間で申し合わせて、魚の買い取り拒否などの不当な手段を用いて、価格交渉を有利に進めようとすることがあった。また、魚の代金が後払いだったため、代金の滞納も生じた。

④一一か村の側では、それへの対抗措置として、ある村で買い取り拒否をした商人が他の村へ

やってきても、けっして魚を売らないことを取り決めている。また、買い取り拒否や魚代金滞納などの不当行為を領主に訴え出る際には、一一か村が協力し、訴訟費用も一一か村で分担することにしている。

そもそも、村々の漁師と魚商人とは、それぞれお互いがいなければ経営が成り立たないという相互依存関係にあったが、価格決定や代金支払いをめぐっては対立する場面も生じた。その際、商人側が同業者団体をつくって事態を有利に運ぼうとしたのに対して、村々の側も議定書を結んで対抗している。ここから、村々の側は、商人に対して弱い立場に置かれているのではなく、力を合わせて商人の買い叩き等をはね返そうとしていることがわかる。

実際、文化元年（一八〇四）には、村々の側が、沼津の魚商人の代金滞納に腹を立てて、沼津へは入札の連絡を取り止めたことがあった。困った沼津の問屋・仲買たちは、滞納分を支払ったうえで、同業者組合の構成員八四人の名簿を村々に提出し、以後組合員の代金滞納問題は組合内で解決して津元へは迷惑をかけないことなどを約束している。しかし、その後も、前述した議定書を結ぶ必要があったように、商人たちとのトラブルが完全になくなることはなかった。

江戸に近い海村では、江戸の魚問屋が漁師たちに漁業資金を前貸しして、その代わりに漁獲物を独占的に集荷するケースが広くみられた。その場合、前貸しを受けている漁師の側が弱い立場に置かれるのは当然である。これに対して、当地域の村々においては、江戸が重要な出荷先ではあったものの、江戸からある程度距離が離れていたこともあって、江戸などの魚商人に金融的に従属するといった事態はみられず、商人に対しても対等の立場で自己の利害を主張していたのである。

なお、シブワ（ヒラソウダガツオ）・ウヅワ（マルソウダガツオ）などは、マグロに比べて小さく、一回の漁獲量も少ないので、その年の最初の漁のときに値段を決めて、その値段で一年間取引することが多かった。漁ごとの入札はしなかったのである。また、釣漁の場合は、商人たちが漁場まで船で乗り付け、海上で魚の売買が行なわれることもあった。

魚の出荷先と輸送ルート

先にみた議定書には、獲れた魚が江戸や関西方面に運ばれることが記されていた。では、内浦で獲れた魚は、どのようなルートでどこに運ばれたのだろうか。魚の輸送ルートについてより詳しくみると、次のようなルートが存在していた。いずれの場合も、送り主は内浦とその周辺の村々や沼津などの魚商人である。

①陸路＋海路（江戸向け）……内浦から馬を使って陸路で伊豆半島を横断し、半島東岸の網代（現熱海市）や宇佐美（現伊東市）に出て、そこから海路で鎌倉を経由して江戸に至る。これは、大川四郎左衛門翁の話にも出てきたルートである。

このルートで、塩魚だけでなく生鮮魚も江戸まで送られた。網代から江戸までは四日間かかったという。鎌倉から江戸湾（東京湾）岸の野島（現横浜市金沢区）まで陸送し、野島から江戸まで海上輸送することもあった。その場合は、陸路（内浦→網代・宇佐美）＋海路（網代・宇佐美→鎌倉）＋陸路（鎌倉→野島）＋海路（野島→江戸）ということになる。

②陸路（江戸向け）……東海道を利用して、江戸まで輸送するルートである。幕府に上納する魚は、このルートで運ばれた。輸送に携わる商人たちは「山越仲間」という同業者組織をつくっており、「山越仲間」は商人の居住地ごとに、沼津・原・獅子浜の三組に分かれていた。

③海路（江戸向け）……内浦の三津村や静浦の江浦村を出航拠点にして、海路を伊豆半島の沿岸をぐるっと廻ってから江戸まで行くルートである。

④陸路（甲斐国［現山梨県］・信濃国［現長野県］向け）……沼津を経由して、甲斐国・信濃国へと運ぶルートである（沼津までは海路）。塩魚・干物・節物（鰹節など）が主に送られたが、甲斐国へは生鮮魚も送られた。

⑤海路（沼津・清水向け）……船で沼津や清水に送られた魚は、その周辺地域で消費された。

魚は上記の多様なルートで各地に運ばれた。船内に生け簀を設けて、タイなどを生きたまま江戸に運ぶこともあった。腐りにくい冬季には生魚の割合が増えたが、獲れた魚の多くは塩漬けや干物・節物に加工された。魚の加工は主に内浦・静浦や沼津の近辺で行なわれ、魚商人が加工まで行なうこともあった。また、江戸の魚問屋から内浦・静浦や沼津の魚商人への代金の支払いには手形が用いられた。現金をはるばる運ぶのはかさばるし、不用心だからである。

江戸時代には、魚とりわけ鮮魚の流通範囲は限られていたが、それでも当地域の鮮魚が江戸の人びとの食卓に上ることもあったのである。前述した薪も江戸で売られており、当地の産品が食料・燃料として江戸の人びとの暮らしを豊かにしていた（本項は中村只吾氏の研究に拠る）。

第三章

戦国〜江戸前期

立網漁の主導者津元に、網子が独自漁で対抗

長浜村を例に

水軍として戦国大名北条氏を支える

前章までで、当地域の漁業と漁師のありようがおおよそご理解いただけたかと思う。それをふまえて、本章以降では、戦国時代から明治期まで、ほぼ時期を追って当地域の海村の動向をみていきたい。海村の歴史的変化を追跡するということである。まず、戦国時代からスタートしよう。

当地域は、戦国時代には、小田原に本拠を置く戦国大名北条氏の勢力下にあった。ただし、当地域は北条氏の領国の西のはずれに当たり、駿河国（現静岡県）の今川氏や甲斐国（現山梨県）の武田氏の領国との境界地帯になっていた。北条氏にとっては、最前線の重要な戦略拠点だったのである。また、戦国大名の合戦においては水軍が重要な役割を果たしており、その点からも船を操れる漁師が多い当地域の海村の支配が重視された。

長浜には、海に張り出す丘の上に長浜城が築かれ、北条方の重要拠点とされて、水軍の大将梶原景宗が城を守った（現在も城の遺構が残っている）。静浦地域の獅子浜にも城があった。これらの城の近隣の村人たちは、城の構築や物資の運搬等に使役された。天正七年（一五七九）に、北条氏は、内浦の木負村の百姓たちに、伊豆沿岸の防衛のため、長浜城に船の係留施設を造成するよう命じている。

天正八年（一五八〇）に、北条軍と武田軍が沼津近海で海戦を繰り広げたときには、三津に住む土豪（半農・半武士の在村の有力者）松下三郎左衛門が侍大将の一人として合戦に参加している。

彼は、船を所有して、普段は漁業や海運業に携わるとともに、北条氏の家臣にもなっており、戦時には北条軍に従軍して戦ったのである。

天正一〇年に武田氏が滅亡すると、当地域では今度は北条氏と豊臣秀吉との合戦が行なわれた。天正一八年の両者の最終決戦（この結果、北条氏は滅亡する）のときには、長浜の土豪大川兵庫（ひょうご）が長浜城に籠城（ろうじょう）している。大川兵庫の子孫は、江戸時代には長浜村最大の津元（大川四郎左衛門家）になっているが、このころは戦時には長浜城を守備していたのである。海村の住民たちが、日常的に漁業や海運業に従事することで培った操船技術は、戦時には水軍の軍事力に転用され、土豪たちは戦闘員として、また一般の村人たちは物資輸送などの後方支援要員として、ともに合戦に動員されたのである。平時の物資輸送や漁業税納入ともあわせて、海村は戦国大名北条氏の重要な権力基盤になっていた。

村運営をめぐり網子が津元を訴える

江戸時代に入り、一七世紀における大きな事件は、長浜村で起こった村方騒動（むらかたそうどう）（村人同士の争い）である。この騒動は、慶安（けいあん）二年（一六四九）から始まった。その二年前の正保（しょうほう）四年（一六四七）に、幕府の三島代官所は、長浜村の四人の年寄（村の有力者、老人とは限らない）が交替で名主を務めるよう言い渡した。この四人とは惣兵衛（そうべえ）・平左衛門（へいざえもん）・惣右衛門（そうえもん）・忠左衛門（ちゅうざえもん）であり、彼らは全員津元でもあった。

その二年後の慶安二年に、網子（百姓）たちと年寄衆四人との間で争いが起こった。同年一〇月一五日に、百姓側から代官に次のような訴状が出されている。

恐れながら書面にてお訴え申し上げます

一、正保四年に、代官の手代（代官の下僚）伊藤権右衛門様が、四人の年寄衆に、名主を順番に務めるようにと仰せ付けられました。ところが、慶安元年一二月二五日に、年寄衆が、名主役を百姓たちに押し付けてきました。一般の百姓が名主を務めるのは迷惑なので、それは勘弁してほしいと、御役人様へ繰り返しお願いしましたが、四人の年寄衆は少しも納得しません。そこで仕方なく、現在は百姓のなかから名主を出しています。

一、長浜村は、浜塩鯛（漁業に対する課税の一つで、鯛の塩漬けを幕府に納めるもの、のちに廃止）を上納しているので、その代わりに耕地にかかる税を一部免除されてきました。ところが、年寄衆は多くの網戸株を所持しているにもかかわらず、浜塩鯛については少しも負担していません。そのぶん、百姓の負担が重くなり困っています。ついては、年寄衆へも百姓たち同様に浜塩鯛を負担するよう命じてください。

一、名主の給与は百姓だけが負担しており、名主以外の年寄衆三人は負担していません。百姓たちの所持地の石高の一〇分の一（米六俵余）が、名主への給与になっているのです。その額は少ないようにみえますが、それは村全体の石高の半分ほどを年寄衆が所持しているからです。彼らが百姓並みに所持地の石高の一〇分の一を出せば、名主給も高額になります。四人の年寄衆に、順番に名主を務めるよう命じてください。年寄衆がどうしても名主を務めるのはいやだと言うなら、年寄衆も百姓並みに名主の給与を負担してほしいと思います。そうすれば、百姓たちのほうで名主を雇います。

こうした網子（百姓）側の主張に対して、三日後の一〇月一八日に、年寄衆から代官に次のような返答書が出された。

恐れながら書面にてお答え申し上げます

一、百姓たちは、伊藤権右衛門様から、名主役は四人の年寄衆が順番に務めるようにと仰せ付けられたと言っています。それに関して、去年（慶安元年）八月に、名主忠左衛門が伊藤権右衛門様に、「百姓たちは、従来米六俵余だった名主の給与を、三俵くらいに減らせと主張しています。そのように減らされては迷惑なので、名主を辞めさせてください」と願い出ました。伊藤権右衛門様はこの願いを認めてくださいましたが、百姓たちは承知しませんでした。

そこで、しばらくは忠左衛門が続けて名主を務めることにしたところ、百姓たちは「自分たちの仲間で名主を務めるから、その方（ほう）には頼まない」と言って、名主役を奪い取りました。

それなのに、「年寄衆が名主役を無理やり押し付けてきた」などと偽りを言っているのです。
一、百姓たちは、年寄衆が浜塩鯛の負担を不当に逃れていると主張しています。しかし、年寄衆が浜塩鯛を負担しないのは、今に始まったことではありません。年寄衆は浜塩鯛を負担しない代わりに、網子を指揮して漁業を行ない、漁業税を上納しています。また、四人の年寄は、幕府のいろいろな御用もすべて自分たちだけで務めています。
さらに、村内のもめ事や近村との訴訟の際には、年寄衆が三島（代官所所在地）や江戸などに出かけていって、代官や幕府役人とやり取りして解決に当たります。その際の宿泊費や諸経費はすべて自己負担して、百姓たちにはいっさい負担をかけておりません。そうした年寄衆固有の負担があるので、浜塩鯛を負担していないのです。百姓たちは、こうした事情をわきまえずに、「年寄衆は不当に負担を免れている」などと言っているのです。
一、百姓たちは、年寄衆も名主の給与などを負担するよう求めています。そして、年寄と網子の差別をなくし、前々より乗り組んできた網船を離れ（所属する網組を離脱し）、自分勝手に行動しようとしています。
われわれ四人の年寄は、徳川様が伊豆国を支配なさる以前から網戸株を所持して、毎年漁業税を納めてきました。ですから、百姓たちから思いもよらぬ批判を受けるいわれはありません。

この争いに対する代官の裁定は「名主も年寄もこれまでのとおりにせよ」、すなわち名主役は年寄（津元）四家が交替で務めることとし、浜塩鯛の負担や名主の給与についてもこれまでどおり年寄の負担は免除するというものであった。年寄衆の勝訴である。しかし、網子（百姓）たちは名主役をすぐには年寄衆に渡さなかった。また、津元（年寄）たちによると、網子の九郎右衛門は四人の津元の所に出入りもせず、他の網子たちもいろいろ勝手なことをしているという。

それでも、慶安三年（一六五〇）一一月一六日に、代官の裁定を網子たちと年寄衆の双方が確認して、これで争いは終結したかにみえた。しかし、その後、同年一二月八日には、網子たちと年寄衆が、新たに次のような取り決めを行なっている。

①名主の給与を米六俵余から四俵に減額する。また、これまで年寄は名主の給与を負担してこなかったが、以後は名主以外の年寄三人は、所持地の石高に応じて名主の給与を負担する。

②浜塩鯛は、以後は名主以外の年寄三人も負担する。

③これまで年寄だけが負担してきた三島・江戸での訴訟費用などは、これからは他村に準じて網子たちも負担する。

④名主は、年寄四人が一年交替で務める。

すなわち、代官が従来どおりに年寄の負担免除を認めたにもかかわらず、網子たちと年寄が交渉して、独自にそれまでの仕来りを変更したのである。その結果、①、②にあるように、名主の給与や浜塩鯛については、名主以外の年寄も負担することになった。網子たちの要求が通ったのである。これは、村内で、網子たちの年寄に対する発言力が強まったことを示している。
一方、③のように、これまで年寄だけが負担してきた訴訟費用などを網子たちも負担することとされているから、網子の負担が一方的に軽くなったわけではない。しかし、訴訟費用の負担は、他村との訴訟などの村にとっての重大事を、年寄任せにせず、網子も含めて村全体で主体的に担うことにつながった。負担の増加は、一面では、網子たちの村運営への関与の度合いを高めたのであり、これも網子たちの発言力強化を示す現象であった。

独自にイワシ網漁をする網子に津元が激怒

寛文(かんぶん)四年(一六六四)に、また長浜村で争いが起こった。同年四月に、津元の惣兵衛と忠左衛門は、代官に次のような訴状を差し出している。

恐れながら書面をもってお訴え申し上げます
一、長浜村では、前々から津元が網子を支配してきました。ところが、近年、網子たちはわがままになり、たびたび立網漁をさぼるようになりました。今年の三月一四日には、大きな魚群がやってきましたが、網子の善兵衛(ぜんべえ)と孫兵衛(まごべえ)は、釣漁やイワシ網漁にかかりきりで、立網漁に参加しなかったため、仕方なく他村の者を頼んで、何とか小規模の立網漁を行なうありさまでした。

立網漁は一艘の網船に六人の網子が乗り組んで行なうので、そのうち一人が欠けても漁はできません。それなのに、近頃は網子たちが漁をさぼるなど自分勝手なことばかりするので、幕府の御役人様に訴えました。すると、御役人様は、「そうしたことが続くなら、網子たちがイワシ網漁に使う網や船を取り上げてしまえ」とおっしゃいました。しかし、その後も網子たちのわがままが直らないので、あらためて御代官様に訴えるしだいです。

一、長浜村では、徳川様が伊豆国を支配するようになって以来、ずっと津元だけがイワシ網を所有して、漁業税の上納など万事の差配を仰せ付けられてきました。網子は、イワシ網を持つことはできなかったのです。

天正（てんしょう）一八・一九年（一五九〇・一五九一）の飢饉の際には、津元たちがイワシ網を使って立網漁をし、またイワシも獲って、網子たちの命を助けてきました。ところが、三年前から、網子のうち里左衛門（りざえもん）・善兵衛・孫兵衛・徳兵衛（とくべえ）の四人が首謀者となって、新規の漁を始めました。彼らは、代々所属してきた網組を離脱し、他の網子たちを誘って、新造した大規模なイワシ網を使ってあちこちで漁をしており、立網漁には参加しません。これは、以前から津元が行なってきたイワシ網漁を妨害するわがままな行為であり、たいへん迷惑しています。これでは、漁業税を上納することができません。このままでは、私たちの経営は破滅してしまいます。

どうか、網子の首謀者四人を召喚して、新規のイワシ網漁をやめて、以前のように私たちの網子となるように仰せ付けていただければありがたく存じます。

このように、立網漁をおろそかにして津元の言う事を聞かない網子がいる一方で、一部の網子は、一時は網子だけの新規のイワシ網漁に加わったことを謝罪して、以後は津元のイワシ網による立網漁に力を入れると約束した。

以上の惣兵衛らの訴えを受けた代官は、「津元に背くような網子は、網組を解雇してしまえ」と家臣に命じた。それを聞いた里左衛門・徳兵衛（二人とも惣兵衛の網組に所属）ら四人の網子の首謀者たちは、「今後は、万事津元の意向に従います」と謝罪した。しかし、里左衛門と徳兵衛は、以後も代官の意向に背いて、津元に従わず自由なふるまいを続けた。問題は解決したわけではなかったのである。

また、翌寛文五年一月には、網子の九郎左衛門（くろうざえもん）が、浜塩鯛上納を命じられた際に、自分の小網で獲った鯛を浜塩鯛上納に充てずに、無断で駿河国に持っていって販売してしまい、それが露顕して津元たちに詫びを入れるという事件があった。

以上の津元と網子の対立は、津元主導の大規模な立網漁と、網子たちの小規模な釣漁との対抗という側面だけでなく、イワシ網漁をめぐる対立でもあった。網子のなかにも大きなイワシ網を持つ者が出現したことが、対立の引き金となったのである。それに加えて、網子は、九郎左衛門のように、自分の漁獲物を自由に販売する動きもみせていた。幕府への上納よりも自らの利潤獲得を優先したのである。こうした状況にこの時期の長引く不漁も加わって、津元は深刻な危機感を募らせていった。

村運営をめぐる津元同士の対立

続いて、寛文六年（一六六六）に、名主兼津元の権三郎（ごんざぶろう）と津元の惣兵衛・平左衛門との間で争いが起こった。惣兵衛らが、権三郎による村運営に異議を唱えたのである。今回は、津元同士の対立であった。惣兵衛らは、一月末に、網子（百姓）たちを集めて、自分たちの側に付くよう説得したが、網子のうち二七人はそれを拒否して席を蹴って退出し、権三郎支持を鮮明にした。

一方、網子のなかには惣兵衛らを支持する者もいた。二月二〇日に、一七人の網子たちが次のような内容の書面を惣兵衛に差し出している。なお、このうちには、一月末には権三郎支持を表明していた者たちも含まれていた。事情ははっきりしないが、ひと月の間に態度を変えたのである。

以下の通り書面を差し上げます

一、名主権三郎は、領主への上納などの諸負担を各戸に割り当てる際、年寄（権三郎以外の津元）や百姓（網子）たちを立ち合わせず、一人で負担額を決めてしまいます。

一、慶安三年（一六五〇）には、名主役は年寄たちが一年交替で務めることに決まりました。

ところが、権三郎はこの間一人でずっと名主を務め続けています。

一、各百姓の年貢負担額は権三郎が一人で決めており、百姓たちは彼に言われるままの額を取られています。また、百姓が年貢を納めても、権三郎は請取手形（領収書）を渡してくれません。

以上の点には、一言の偽りもありません。

以上が、一七人の網子（百姓）たちの主張である。彼らは、権三郎が村運営を独断で行なっており、不透明な部分が多いと言っているのである。

一条目と三条目について補足しておこう。江戸時代には、村請制というシステムがとられていた。田畑の年貢をはじめ領主から賦課される諸負担は、領主が直接各百姓に負担額を指示するのではなく、領主は村に対して、村全体の負担総額を提示するのみだった。あとは、名主を中心に、村人たちが相談して、各人の負担額を確定したのである。また、年貢等の納入に際しても、各村人がそれぞれ領主に直接納めるのではなく、村人たちは名主に納め、名主が村全体の納入分を取りまとめて領主に上納した。そのため、百姓たちにとっては、村内における各戸への負担の割当てが公正に行なわれているかどうかが重大関心事だった。

一七人の網子たちは、権三郎が年貢等の諸負担の割当てを独断で行なっている点を問題視している。自分たちが不当に過大な負担を負わされているのではないかと疑惑を抱いているのである。

それが、彼らが惣兵衛らを支持する理由だった。惣兵衛らと協力して、権三郎の専断的な村運営を改善しようとしたのである。

惣兵衛自身は、二月二四日に、代官に対して次のように自らの考えを述べている。

一、権三郎は、私（惣兵衛）の網組に属する網子に対して、不当に多額の年貢を割りかけているのではないかと疑っていました。しかし、権三郎が年貢やその他の諸負担の計算結果を記した帳面を年寄（津元）や百姓（網子）には隠して見せないので、これまではっきりわかりませんでした。しかし、今回帳面を確認して驚いております。

他の村では、年貢や諸負担の額などの情報は百姓たちに開示し、各百姓の年貢などの負担額の計算は百姓たちに任せ、計算結果にすべての百姓が納得した証拠として、帳面に百姓たちの印を捺させています。ところが、長浜村では、名主が一人で各百姓の負担額を計算し、百姓たちが納得できないような額を割りかけています。網子たちが過大な負担を課されて暮らしが成り立たなくなってしまったら、津元だけで立網漁はできません。

一、慶安三年に、以後名主役は年寄たちが一年交替で務めることに決まったにもかかわらず、権三郎は親の忠左衛門の名主役を引き継いで、この間一人でずっと名主を務めています。そして、毎年不当に、村の公的経費のうちから銭二貫五〇〇文を取り込んでいます。これは、網子たちに返還されるべきものです。年貢や諸負担を過分に徴収していることについても、証拠はたくさんあります。

一、長浜村の網子三〇人のうち二四人は、私の網組の網子です（この時点で、惣兵衛は四つの網組の津元を兼帯していた）。彼らが皆生活破綻してしまえば立網漁ができず、たいへん迷惑です。これ以上、権三郎に名主を務めさせることはできません。どうか、正直者を名主にするようお命じください。

津元主導の立網漁か、網子独自のイワシ漁か

このように、惣兵衛は権三郎を強く批判しており、この点では網子たちと一致していたが、網子たち全員が惣兵衛と共闘していたわけではない。寛文四年に惣兵衛と対立した里左衛門・徳兵衛は、惣兵衛の網組の網子であるにもかかわらず、寛文四年以降、惣兵衛方に出入りしなかった。また、里左衛門らは、網子と津元の家格差を無視して、津元の言う事を聞かず、他の網子たちにも呼びかけて立網漁に参加しなかった。

そこで、惣兵衛は、寛文六年一〇月一五日に、代官に対して、里左衛門らへの厳しい対応を求めた。もはや、網子の反抗は、津元一人の手には負えなくなっていた。代官は、寛文四年時の指示を再確認し、「津元に背く網子は網組を解雇せよ。網子には、たとえ小さなものでもイワシ網は持たせるな。自分の漁のために立網漁をさぼるような網子は、私（代官）が厳しく処罰する」と言い渡した。代官は、イワシ網を用いた網子独自の漁を、村全体で取り組むべき立網漁の妨げ

になるとともに、従来の漁業慣行にも背くものだとして、あらためて厳禁したのである。

ところが、それにもかかわらず、里左衛門ら四人の網子は、一〇月一八、一九、二四日の三日間にわたってイワシ網を用い、五〇人ほどの人を集めて、他村まで漁に出向いた。そのため、一〇月二三日には魚群が見えたにもかかわらず、惣兵衛は立網漁をすることができなかった。

以上みたように、寛文六年の長浜村では、二重の対立が同時進行していた。第一の対立は、名主権三郎の村運営の仕方をめぐる対立である。一部の網子たちは、権三郎を支持した。他方、津元の惣兵衛・平左衛門は権三郎を批判し、一部の網子たちは惣兵衛らを支持した。すなわち、対立する両派には、ともに津元と網子が含まれていたのである。

第二の対立は、津元惣兵衛と一部の網子たちの間の対立であり、これは寛文四年から尾を引いていたものである。独自のイワシ網漁に注力する一部の先鋭的な網子と、津元のなかでも最大の勢力をもっていた惣兵衛とが、村の漁業の中心を立網漁に置くか否かをめぐって争ったのである。

すなわち、第一の対立は村運営のあり方をめぐるもので、そこでは両派に分かれたとはいえ、各派内では津元と網子が共同歩調をとることができたのに対して、第二の対立は、津元主導の立網漁と網子独自のイワシ網漁という漁法をめぐる対立であり、そこでは津元と網子が鋭く対立したのである。そして、村の最有力者である津元惣兵衛に対立するという点では、名主兼津元の権三郎と網子の里左衛門・徳兵衛とは立場を同じくしていた。

この争いは、どのように収束しただろうか。それを示す文書が残っている。寛文六年一一月に、名主兼津元権三郎と網子の里左衛門・徳兵衛が、代官所役人に差し出した文書である。そこには、次のように記されていた。

以下のように証文を差し上げます

一、網子が独自にイワシ網を所有して、立網漁をおろそかにしたため、惣兵衛殿がそのことを訴え出ました。そこで、殿様（幕府代官）は、「網子たちがイワシ網漁に専念すると立網漁の妨げになるので、そうしたことは禁止する」とお命じになりました。ところが、網子たちがその後二度までも殿様の御意（ぎょい）に背いたため、網子のうち二人が牢に入れられました。そのうえ、幕府の御役人様が、以後網子のイワシ網が使えないよう封印なさいました。

しかるうえは、もう殿様の御裁きには背きません。また、惣兵衛様はじめ津元の言いつけにも背きません。後日のため、網子たちがその旨を誓って連判いたします。

この文書から、先にみた惣兵衛の主張を受けて、権三郎・里左衛門・徳兵衛が、以後は代官所の裁定や津元の言いつけに背かないことを誓っていることがわかる。この争いでは網子二人（里左衛門・徳兵衛であろう）が牢に入れられ、さらに長浜村からの追放処分を科されそうになったが、詫び証文を書いたので一二月には釈放されている。なお、権三郎の村運営の仕方の当否については、明確な判断が示されなかった。

不漁の時代ゆえの網子たちの危機感

ここまでみてきた寛文四〜六年の争いからわかることをまとめておこう。この時期、内浦一帯は長引く不漁に悩まされており、津元・網子ともに経済的に苦しくなっていた。そのなかで、網子たちが、立網漁を漁業の中核とするという従来の慣行を破ってまで、新規の漁に活路を見出そうとしたところに争いの主原因があった。

立網漁は魚群が来さえすれば一挙に大量の漁獲が期待できるが、魚群が来なければ、網子たちはむなしく浜で待機し続けることになる。そうした状態が何年にもわたって続けば、網子たちは無駄に時間を費やすよりは、自分たちだけで独自に漁に出て、少しでも漁獲を得ようとすることになる。立網漁の対象になるカツオ・マグロなどが来ないなら、イワシなど他の魚でもいいから少しでも獲って収入を得ようとするわけである。津元による長時間の拘束を嫌って、時間を自由に使いたいという要求である。しかし、津元からすれば、そのように網子が独自に漁に出ると、いざ魚群が来たときに迅速に対応できず、みすみす獲物を取り逃がすことになるので、とうてい容認できなかった。

津元は網子に比べれば経済力があるので、不漁にもある程度は耐えられる。さらに、立網漁中心の漁業秩序は今まで自分たちが中心になって維持してきたものなので、簡単に変えられるものではなかった。一方、網子側は津元よりも経済的に追い詰められており、また津元ほど立網漁に固執する必然性はなかった。そこに、両者の不漁状況への対応の差が生まれた。魚群がいつ来るかは津元にも網子にもわからないから、どちらの対応が正しいかは、にわかに判断できないのである。そのため、争いは当事者間では解決できず、代官の裁定に委ねられることになった。

そして、代官の裁定により、この争いは、津元主体・立網漁中心の従来型の漁業秩序が再確認されて決着した。網子たちの独自の漁は、その展開を抑え込まれたのである。ただ、網子としても、一方で独自の漁に傾きつつも、他方で立網漁から完全に離脱するという決断はしづらかった。いったん豊漁となれば、立網漁は網子たちにも多大な収入をもたらしたからである。

そして、一七世紀末以降、漁況が改善の方向に向かったため、津元主体・立網漁中心の漁業秩序はこれ以上矛盾を深めることはなく、立網漁はその後も江戸時代を通じて長浜村の基幹的漁業形態であり続けた。網子たちは、津元を中心に村全体で結束して、不漁等の困難を克服し、生活を守っていく道を選択したのである。

また、以上の争点には、権三郎と惣兵衛らとの村運営や年貢・諸負担の賦課方法をめぐる対立が絡んで、問題が複雑化していた。年貢は漁業への課税ではないとはいえ、不漁下では年貢等の負担がいっそう重く感じられるのも事実であるから、村請制のもとで年貢等の割当て・徴収を中心になって行なう名主兼津元権三郎への風当たりも強くなっていた。負担の重さは、名主の不正によるものではないかという疑惑が芽生えたのである。権三郎をめぐる対立の根底にも、やはり長引く不漁状況があった。

ただし、この対立は、漁法をめぐる対立に比べれば副次的なもので、後になるとあまり問題にされなくなる。そのため、権三郎の村運営に本当に不正があったかどうかも結局はっきりしないままだった。権三郎は、村運営のあり方をめぐって対立する惣兵衛に対抗するため、漁法をめぐって同じく惣兵衛と対立していた網子の里左衛門・徳兵衛らと手を組んだ形跡がある。敵の敵は味方というわけである。そうしたこともあって、争いの主眼は漁法をめぐる対立に収斂（しゅうれん）していったものと思われる。二重の対立が一本化したのである。しかし、一時的にでも、権三郎の村運営方法が問題にされたことにより、以後の名主はそうした疑惑を招かないように、公正・明朗な村運営を心がけることになった。村運営をめぐる争いは、けっして無駄ではなかったのである。

こうして、長浜村では津元主体・立網漁中心の漁業秩序が確立した。しかし、それは津元の専制支配を意味するのではない。津元としても、網子が離反すれば立網漁ができないのであり、今回のような網子との深刻な対立は繰り返してはならないものだった。そのため、以後、津元はそれまで以上に村の漁業の中心を担っているという責任感と自覚をもち、網子の困窮時には救済するなど、網子たちの動向に一定の配慮を払っていくことになる。また、津元のなかの一人が務める名主も、網子たちの意向に配慮した村運営に努めた。一連の争いを通じて、漁業と村運営の双方において、網子たちにとってよりよい方向への変化が生まれたのであり、それが村の安定につながった。一見他から隔絶しているようにみえる津元の絶大な権威も、網子たちの同意と支持なしには維持できないものとなったのである。

幕府が示した海難事故対応マニュアル

江戸時代の海では、海難事故がたびたび起こった。当地域の沖合では関西方面から江戸向けの商品を積んだ船が難破して、海岸に漂着することが多かった。逆に、当地域の船がよそで難破することもあった。時期は下るが、文政四年（一八二一）には、久料村の船が、陸奥国津軽で積み込んだ荷物を運ぶ途中で遭難して函館に漂着しているし、天保三年（一八三二）には、同じく久料村の船が、生きたマグロを伊勢国（現三重県）まで運んだ帰りに、遠州灘沖で遭難している。

このように、当地域の船は、かなり遠方まで荷物を運んでいた。

こうした海難事故に対処するため、幕府では、海岸に漂着した積み荷の取り扱いなど、事故発生時の対処方法を具体的に定めていた。海岸沿いの村々では、幕府の規定に依拠して、事故発生時にはその情報を広範囲に速やかに伝達するとともに、乗組員の救助や漂着した積み荷の保管・返却などに当たった。

寛文七年（一六六七）に、幕府は難破船への対応などを定めた法令を発した。その主要な条文を以下に示そう。

一、幕府の船はもちろん、諸国の商船などが暴風に遭ったときには、助け船を出して、船が難破しないよう救助に尽力すること。
一、それでも海や川で船が難破してしまったときには、近くの浦に住む者たちが、頑張って積み荷や船具（船の装備品）を陸に引き揚げること。海に浮いた積み荷を引き揚げたときはその二〇分の一を、海に沈んだ積み荷を引き揚げたときはその一〇分の一を、川に浮いた積み荷を引き揚げたときはその三〇分の一を、川に沈んだ積み荷を引き揚げたときはその二〇分の一を、それぞれ引き揚げた者が取得してよい。
一、沈没を免れるために、沖合で積み荷を海に捨てたときは、そのあと避難した港で、そこを管轄する領主の役人や村の庄屋（名主）が立ち会い、船に残った積み荷や船具を調べて、文書に記載して提出すること。
付則、船頭と浦の者（沿岸の住民）が共謀して、積み荷を海に捨てたと偽りを言って、実際は積み荷を盗んだりしたら、船頭も浦の者も全員死刑に処する。
一、同じ港に長期間係留し続けている船があれば、そこの港の者が理由を尋ねて、天候をみて早々に出港させよ。それでも出港しない場合は、どこの船か確認したうえで、港を管轄する領主に通報すべし。
一、各地の城に保管する領主の米を輸送するときは、船の装備や乗組員の人数が不十分な船に積んではならない。また、悪天候でもないときに難破した場合は、船の所有者と船頭を処罰する。

万事において、海上輸送に関して理不尽な主張や不正行為があった場合は、それに気づいた者が訴え出よ。当初それに加担していた者が内部告発した場合は、告発者の罪は問わず、逆に褒美を与える。また、告発された側が報復行為などをしないように取り計らう。
一、海岸に船や積み荷が漂着したときは引き揚げておくこと。半年経っても持ち主が現われない場合は、引き揚げた者が漂着物を取得してよい。もし半年以上過ぎてから持ち主が現われても、漂着物を返す必要はない。ただし、そのときは、一応その地を管轄する領主の指示を受けること。

一七世紀後半には全国的に海上輸送路が整備され、海上を航行する船舶の数が増加した。それにともなって、海難事故の件数も増えた。そこで、幕府は前記のような法令を全国の沿岸村々に通達して、海難事故等への対処の原則を周知したのである。

沿岸の住民が引き揚げた積み荷や漂着物については、その内容を木札に書いて海岸に立てておき、持ち主が現われたときは、本当に持ち主かどうか確認のうえで引き渡した。

沿岸の村々は、幕府の原則に従いつつ、相互に連絡を取り合って海難事故に対処した。そのために、沿岸村々には日ごろから緊密な情報連絡網が整備されており、必要な情報は迅速に村から村へと伝達された。文久(ぶんきゅう)二年(一八六二)に、沼津宿の漁船が当地域の南に位置する戸田(へだ)村の沖合で難破したときには、船を戸田村に引き揚げたうえで、戸田村の名主が、井田(いだ)村(戸田村と当地域の中間にある海沿いの村、北から海沿いに当地域—井田村—戸田村の順となる）から沼津宿までの二二か村に宛てて、もし死体や難破船の装備品・漁具などを発見したらすぐ連絡するように、という通知を出している。

第四章

江戸中期

津元批判を先鋭化させる網子たち

1　漁師の敵、漁業税上納の「請負人」現わる

町人が漁業税上納の請負を申し出る

本章では、前章のあとを受けて、一八世紀ころの海村の動向をみていきたい。

前述したとおり、内浦の村々が納める漁業税には、浮役・分一役・網船役などがあった。このうち、分一役は漁獲額の一定割合を幕府や領主に上納するもので、立漁三分一と釣漁十分一があった。立漁三分一は立網漁、釣漁十分一は釣漁に対して賦課された。両者とも、立魚(たちうお)と呼ばれるマグロ・カツオなどの課税対象魚の売却総額（漁獲額）から必要経費等を引いた残りのうちの一定割合（立漁三分一は三分の一、釣漁十分一は一〇分の一）を領主に納めるものであった。したがって、分一役の額は漁獲額の多少に応じて変動するから、漁のたびに漁獲額を確認して税額を算定する必要があった。

一八世紀の初めまでは、内浦とその周辺村々は皆幕府領だったので、幕府の役人が水揚げに立ち会って漁獲額を改めるか、幕府役人の代わりに村の名主が改めてきた。ところが、そこへ分一役の定額請負を希望する者が現われた。実際の漁獲額に基づいて算定される分一税額と、幕府に対して上納を請け負った分一税額との差額を自らの収益とすることを目的に、大都市の町人など

が請負を希望したのである。彼らは実際の漁業にはノータッチで、海村に住んでいるわけでもなく、ただ請負から得られる利潤のみに関心があった。

定額請負を引き受けた請負人は、何年間かの請負期間中、実際の漁獲額の多少にかかわらず、毎年一定の分一税額を幕府に納める。請負制のもとでも、津元や網子が漁のたびに漁獲額の一定割合を分一役として差し出すことに変わりはない。ただし、請負制のもとでは、分一役の納入先が幕府ではなく、請負人になる。そして、請負人は、豊漁のため漁師が納める分一税額が請負額よりも多ければ、その差額が自らの利益になる。逆に、不漁によって漁師からの納入額が請負額を下回れば、その差額は請負人の損失になるのである。

たとえば、請負人が、三年間、毎年金一〇〇両ずつの定額で分一上納を請け負ったとすると、彼は三年間で三〇〇両を幕府に上納することになる。その間、実際の漁獲額に基づいて算定される分一税額が一年目は金一〇〇両、翌年が金一二〇両、翌々年が金九〇両だったとする。三年間で合計三一〇両である。村々は、この額を請負人に納める。一方、請負人が幕府に納めるのは三〇〇両だから、差額の一〇両が請負人の利益になる。この差益を目当てに、利にさとい町人などが請負を望むようになった。海村への大都市商業資本の進出である。

前述のように、獲れた魚は入札（いれふだ）によってその場で魚商人に売り渡されるのだが、請負人やその代理人は入札の場に立ち会って、落札総額（漁獲額）を確認し、それに応じて前述した一定割合（立漁三分一は三分の一、釣漁十分一は一〇分の一）の分一税額の納入を求めた。

請負人が請負によって利益を得られるかどうかは、幕府との交渉によって決まる請負額と、年々の漁獲額の多少によって決まる。豊漁によって漁獲額が多く、それに比して請負額が低額ならば、請負人は利益を得られるし、逆なら損失を出すことになる。請負人は儲かる場合も損する場合もあり得たわけだが、請負希望者は儲かると踏んで名乗りを上げたのである。

また、幕府としては、請負によって分一税額が毎年定額になれば財政収入が安定するため、請負は歓迎するところだった。さらに、請負額を高額にできれば収入増にもなる。よって、幕府は請負を歓迎した。

一方、村々の側では、幕府役人か名主の改めを受けて、漁獲額の一定割合の分一役を直接幕府に納める方式が一番好都合だった。それが、請負人を中間に介在させることのない、漁の実態に一番即したシンプルなやり方だからである。

しかし、請負人と幕府の思惑が一致したことにより、享保五年（一七二〇）に最初の請負制が始まった。この年、京都町人の芝友三郎・芝五郎四郎・芝甚五郎の三人によって、享保五年九月から同一〇年八月までの五年間の契約で、内浦村々を含む伊豆国の一一〇か村の分一役納入の請負が開始されたのである。漁師たちは、けっして請負制を歓迎したわけではなかった。請負人が請負から利益を上げるために、従来の漁業慣行を改変する恐れがあったからである。それでも、幕府が芝友三郎らの請負を認めた以上、それに逆らうわけにはいかなかった。

しかし、彼らによる分一役納入は順調には進まなかった。請負人は、利益を上げるために、漁師たちが漁獲額の内から受け取る必要経費分をできるだけ圧縮しようとして、幕府にそれを許可してくれるよう訴えた。漁獲額から必要経費を引いた額を母数として、その三分の一なり一〇分の一が分一税額になるから、必要経費を削減すればそれだけ母数が大きくなり、したがって漁師が納める分一税額も増え、それが請負人の利益につながる。しかし、必要経費の削減は、必要経費を受け取る漁師たちにとっては不利益となるから、必要経費をどこまで認めるかをめぐって、請負人と漁師たちとの対立が続くことになった。

また、分一役は立魚と呼ばれるマグロ・カツオなど特定の魚種の漁獲にのみ賦課されたが、請負人は分一増額のために、立魚以外の魚にも分一役を賦課しようとした。当然、漁師たちはそれにも強く反発する。村々の側では、立魚以外の漁獲物は、釣漁の餌や田畑の肥料にしたり、近村でつくる雑穀と交換したり、漁船・漁具の修理代に充てたりしており、これらにも分一役が課されれば漁師の生活が成り立たないと訴えた。こうした漁師の抵抗に遭って、請負人による分一徴収は円滑には進まなかった。

芝友三郎らの請負は享保一〇年に請負期間満了となったが、その後彼らが請負の継続を希望することはなかった。漁師たちとの対立に加えて、この時期は不漁が続いたため、請負人は利益を上げることができず、請負から撤退せざるを得なかったのである。

漁業税増額をもくろむ幕府

享保一〇年九月以降は、しばらく名主による漁獲額の確認と分一役の上納が続いた。漁獲額の変動によって幕府に納める分一税額も増減するという、享保五年以前のあり方に戻ったのである。しかし、享保一三年九月から再び請負制が始まる。江戸町人の宮嶋屋四郎右衛門と三河屋市左衛門が、伊豆国一一〇か村の分一役納入を、年六八〇両で五年間請け負うことになったのである。

このとき、村側では、村が主体となって分一役納入を定額で請け負いたいと願い出た。分一役の定額村請の願いである。年貢等と同様に、分一役も村で請け負うことを希望したのである。町人の請負となれば、先の芝友三郎らのときと同様に、請負人ができるだけ多くの分一役を取り立てようとして、村々とトラブルになる可能性があったからである。定額での請負が避けられないのであれば、町人に請け負われるよりは、村々自身で請け負ったほうが、まだましだという考えである。しかし、村々の願いは認められず、宮嶋屋と三河屋の請負が実現した。宮嶋屋らの提示した請負金額のほうが、村々のそれよりも高額だったのであろう。

このとき、幕府の代官は村々に対して、「これまでは、立魚にのみ分一役を賦課してきたが、今後はすべての魚種について、漁獲額の一定割合を分一役として請負人に差し出すこと。これは、幕府のためになることである。また、漁で獲れた魚を、請負人に隠れて、沖合で魚商人に売ってしまい、分一役を差し出さない者がいたら処罰する」と言い渡した。これに対して、村々の側では、分一役を滞納することで抵抗した。

幕府としては、請負人にできるだけ高額で分一役を請け負わせて、財政収入を増やしたい。同時に、請負人にも一定の利益を保証してやる必要がある。利益が上がらなければ、請負人はすぐに請負をやめてしまうからである。そして、高額の分一役を上納して、なおかつ請負人が利益を上げるには、村々からできるだけ多くの分一役を取り立てなければならない。そのためには、分一役賦課の対象となる魚種を拡大したり、漁師の手元に残る必要経費の控除分を縮減したりする必要がある。こうして、請負人と幕府はともに賦課対象の拡大を目指したのである。

ところが、宮嶋屋四郎右衛門らの請負は契約の五年続かず、早くも翌享保一四年には終わりを告げた。村々からの分一役納入が遅滞したことが原因の一つであった。請負人の過分な分一役取り立てに対する村側の抵抗である。

それからまたしばらくは、幕府の役人か村名主による漁獲額改めの時期が続いた。課税対象もマグロ・カツオなどの立魚のみに戻った。しかし、それで落ち着いたわけではない。その後も、一八世紀後半以降は、幕府と村々の間で、請負をめぐるやり取りが続いた。

幕府としては、請負制になれば、豊漁・不漁に関係なく、一定期間定額の分一役が納入されるので好都合である。豊漁・不漁によって税額が変動した時期の平均分一税額を上回る額で請け負う者がいれば、税収増にもなる。そこで、できるだけ高額での請負を求めた。ただし、請け負ってくれさえすれば、請負の主体は町人である必要はなく、村が請け負う村請でもかまわなかった。

村請を迫った。

そこで、一方で町人も含めて広く請負人を募る姿勢を示しつつ、他方では村々に対して高額での村請を迫った。

村々の側では、幕府役人か名主の改めを受けて、漁獲額の一定割合の分一税を納める方式が一番好都合だった。それが、漁の実態に一番即したやり方だからである。そして、地元の人間ではない、よその町人などが利潤目当てに請負人になることをもっとも忌避した。そのため、請負を求める幕府の圧力が強まるなかで、町人の請負という最悪の事態を避けるために、次善の選択肢として定額での村請も止むなしとした。そして、村請を引き受ける場合には、請負額の決定をめぐって幕府との交渉がなされた。もちろん、村側では、できるだけ低額での請負を望んだのである。

一方、町人などが請負を希望する場合には、町人たちにとって請負によって利益が出るかどうかが最大の関心事となった。請負期間中、豊漁になるか不漁になるかは人知を超えた問題なので、あとは幕府との交渉で請負額をどこまで抑えられるかと、村側の取り分をどこまで削れるかが焦点となった。

町人を排除し「村による請負」を実現

こうしたそれぞれの思惑が交錯するなかで、寛政(かんせい)一一年(一七九九)に、江戸町人の尼屋(あまや)久(きゅう)右衛(え)門(もん)が請負を願い出た。しかし、村々は彼の請負に強く反対し、対案として村請を申請した。そして、結局、内浦の三津村の重次郎（じゅうじろう）が、享和（きょうわ）二年（一八〇二）から五年間請け負うことに決まった。この重次郎は三津村の網戸持である一方、尼屋久右衛門の実兄でもあった。また、重次郎のバックには、保証人として江戸の町人鎌倉屋（かまくらや）庄兵衛（しょうべえ）が付いていた。重次郎は内浦の人間でありながら、江戸町人とのつながりをもっていたのである。尼屋久右衛門は、三津村の網戸持の家の出身だったが、長男ではなく家を継ぐ必要がなかったため、漁獲物販売の縁で江戸に出て魚商人になっていたのであろう。この久右衛門が病気になったため、重次郎が代わって出願し、それが認められたのである。

重次郎の請負条件は、享和二年から五年間、重寺・三津・長浜・井田四か村の分一役として、毎年五〇両ずつ前納するというものであった。このとき、四か村側では、毎年三二両余での村請を願ったが、五〇両を提示した重次郎には敵わなかったのである。重次郎は文化一三年（一八一六）まで請負を続けた。

その後、文化一四年からは村請となった。これが、初めて実現した定額での村請である。以後、明治に至るまで、重寺・三津・長浜・重須・井田五か村に関しては、ずっと定額の村請が継続した。

請負額は幕府の圧力によって増額を余儀なくされることもあったが、逆に災害発生時には請負額の減免が認められた。たとえば、安政元年（一八五四）の大地震（これについては次章で述べる）の際には、村々からの願いにより、重寺・三津・長浜・重須・井田の五か村について、安政元年から同四年までの四年間、請負額の半減が認められた。

重寺・三津・長浜三か村に関しては、村請になると、津元のなかから選ばれた請負人が三か村分の分一役を取りまとめて幕府に上納した。そして、各村が漁獲額に応じて出した分一役から、幕府に納める定額の請負額を差し引いた残額は、請負人と津元たちの間で分配された。請負による利益は請負人と津元のものになり、網子たちには一銭も入らなかったのである。

村請は、よその町人による請負に比べれば、村側にとってはまだ望ましい形態だった。しかし、村請においても、やはり村（漁師たち）が請負人に納める漁獲額に応じた分一税額と、請負人が幕府に納める定額の請負額との差額が、請負人の利得になる構造には変わりなかった。違いは、請負人が、よその町人から村内の津元の代表に替わったことである。そのため、漁師たちが、請負人ができるだけ自分の利得を増やそうとして何か不正をはたらくのではないかと疑う余地は常に存在した。

以上みた分一役の納入形態をまとめておこう。一七世紀から一八世紀前半までは、立漁三分一とか釣漁十分一といったように、漁獲額に応じた定率（定額ではない）の分一税額を、村々から幕府に直接納めていた。一八世紀前半から一九世紀前半にかけては、京都・江戸の町人や、それとつながる地元の者（重次郎）による請負制が断続的にみられた。しかし、いずれも村側の反発もあって長続きせず、一七世紀と同様に、村々から直接納入していた期間のほうが長かった。それが、一九世紀前半になって定額での村請が始まり、幕末まで継続したのである。

定額村請の実現は、町人の請負を排除できたという点では村側にメリットがあった。しかし、今度は、村内に新たな矛盾が生まれた。請負人および請負人を出す母体である津元たちと、網子たちとの間の矛盾である。分一役の基礎になる漁獲は、津元と網子が協力して実現したものである。網子がいなければ、津元だけで漁はできない。ところが、実際の漁獲額に基づく分一税額と請負額との差額は請負人や津元のみが取得して、網子の手には渡らない。そこに網子の不満が生じる要因があった。このように、定額の村請には請負人・津元と網子の対立を生む要素が構造的に含まれていた。町人の請負を排除できても、網子たちは手放しで喜ぶわけにはいかなかった。そして、明治初年になると、実際に重寺村や長浜村で請負人に対する疑惑が噴出したのである（この点は後述）。

村による請負は常に不正が起こりえた

もう一点、分一役の定額村請がもつ特質について述べておこう。そもそも耕地に賦課される年貢などは、江戸時代の初めから、海村に限らず全国の村々において村請によって納入されていた。村請は、江戸時代の徴税法の根幹をなす一般的なシステムだったのである。

そして、年貢の村請のなかには、一定の年限を定めて、豊凶にかかわらず毎年定額の年貢を納めるやり方もあった（ほかに、毎年の作柄に応じて年貢額を増減させる方法もあった）。これを定免法（じょうめんほう）といい、分一役の定額での村請と共通する方法である。定免法では、村で請け負った年貢の納入責任者である名主が、村全体で納めるべき年貢額（請負年貢額）を、各百姓の所持地の石高や面積に応じて百姓たちに割り当てる。そして、各百姓から年貢を徴収し、村全体の分を取りまとめて領主に上納する。

言ってみれば、名主は百姓から領主への年貢の取次役であり、取次ぎの過程で名主の利得は発生しない。年貢の村請でも、不正な手段によって名主が利益を得る可能性はあり、実際に不正も行なわれたが、それはあくまで個々の名主の逸脱行為であって、制度的に認められたものではなく、発覚すれば糾弾された。定免法では、決められた請負年貢額を個々の百姓に割り当てて徴収するので、個々の百姓の納入額の合計は村全体の請負年貢額と一致し、そこに名主の中間利得が発生する余地はないのである。

一方、分一役の場合はそうではない。立網漁は網組というチームで行ない、集団で漁獲をあげるので、分一役の請負額を漁師個々人に割り当てることはできない。もし、個々人に割り当てようとしたら、どのような基準で、誰がいくら負担するかをめぐって網組内部で対立が生じ、チームワークが維持できなくなるからである。分一役は網組の共同作業で獲った魚の販売総額（漁獲額）のなかから一定割合の分一税額を出すのであって、個々の漁師が個別に負担するのではない。また、漁業は農業以上に豊漁と不漁の波が激しいので、あらかじめ請負額を各網組に割り当てるのは現実的ではない。

そのため、海村では、実際の漁獲額から定率の分一税額を算出して、それを請負人に納める一方で、請負人はその額の多少にかかわらず、あらかじめ請け負った額を幕府に納めるという方法をとることになる。そのため、村からの納入額と請負額の差額が請負人の利得となる。この仕組みは、請負人が町人など村外の者だろうと、村内の者だろうと同じである。ここに、定免法による年貢の村請と分一役の定額村請との決定的な違いがある。名主や請負人の不正行為はいずれの場合にも発生し得るが、請負人の利得（場合によっては損失）が制度的・恒常的に発生し得るところに、農村における年貢の村請とは異なる、海村の分一役の定額村請に固有の特質があった。ここにも、農村とは異なる海村の固有性が表れている。

2　津元批判を先鋭化させる網子たち——江梨村の例

津元の既得権廃止を網子が要求

ここからは、当地域の海村で起こった争いに注目していこう。まず、江梨村（西浦の西部、93ページの図15参照）の場合を取り上げる。

西浦の江梨村には瀬洞（せぼら）・来海洞（くるみぼら）と呼ばれる二つの網戸場と四つの網組があり、津元が四人いた。一つの網組は、津元一人、網子一二人で構成されていた。四つの網組は二つのグループに分かれ、それぞれのグループは一つの網戸場を二日利用し、その後各グループは網度場を交替してまた二日利用した。一つの網戸場内では、二つの網組が一日交替で操業した。

これを、もう少しわかりやすく説明しよう。四つの網組をA・B・C・Dとし、AとB、CとDがそれぞれグループをつくっているとする。そして、まず、AとBが瀬洞、CとDが来海洞を、それぞれ二日ずつ利用すると仮定する。ただし、四つの網組が皆二日とも操業するのではない。二日のうち一日目はAとCが操業し（Aは瀬洞、Cは来海洞で）、二日目はBとDが操業するのである（Bは瀬洞、Dは来海洞で）。そして、三日目には二チームが場所を交替し、今度はAとBが来海洞、CとDが瀬洞を二日間利用する。そのうち、三日目はAとCが操業し（Aは来海洞、Cは瀬洞で）、四日目はBとDが操業するのである（Bは来海洞、Dは瀬洞で）。

こうしたシステムをとる江梨村で、慶安二年（一六四九）九月に、網子たちが、津元の不法を幕府の代官に訴え出た。このときは網子側の主張は通らなかったようだが、それから一〇〇年を経過して対立が再燃した。寛延元年（一七四八）四月に、津元四人が、網子の不法を幕府の三島代官所に訴え出た。その訴状で、津元たちは次のように主張した。

一、江梨村では、古来私たち四人が津元として網戸場を管理し、村人四八人を網子として立網漁をしてきました。ところが、四八人の網子のうち三七人が団結して、漁獲額のなかから諸経費として津元が引き取ってきた分の廃止を要求してきました。しかし、これらは私たちが先祖代々受け取ってきたものなので、網子の要求を拒否しました。

すると、網子たちは、「それなら、私たちにも網戸での立網漁の漁業権を分与してほしい。そして、網子も、津元のように、もっと主体的に網戸場を利用したい」とわがままを言い出しました。しかし、網戸場は津元家代々の家産です。

網子たちがこのような態度では、とても協力して立網漁を行なうことはできません。このままでは、三七人の網子を解雇して、残る一一人の網子と、網子以外から雇った者とで漁をするしかありません。
一、網戸場は、津元四人の先祖が発見し開発した場所です。陸上でいえば、新しく開拓した耕地のようなものです。そうした経緯によって、津元は網戸場を支配し、不漁のときも網戸場を守って漁業税を上納してきました。
一、網子は、立網漁よりもよい収入になる稼ぎ口があるときは、勝手次第に網子を辞めることがあります。一方、漁に精を出さなかったり、不埒な行ないがあったりした網子を、津元が辞めさせることもあります。江梨村には、今も網子ではない百姓が一〇人ほどおり、人手不足のときは彼らを網子に雇うこともあります。
一、以前から、津元は、網の修復費として、漁獲額の一割五分を受け取ることを、幕府から認められてきました。よって、網は幕府公認の網だということです。また、網子を辞めさせられた者には、漁に関して一切の権利はありません。

以上の津元たちの主張によれば、過半の網子たちが、漁獲額の分配比率を変更して、津元の取り分を削減し、網子の取り分を増やすように要求してきたという。そして、津元が拒否すると、今度は、網子にも津元同様に、立網漁の漁業権を認めるよう迫った。それに対して、津元たちは、地上の耕地開発になぞらえて、自らの網戸支配の起源と正当性を主張し、網も幕府公認のもとで所持しているという。また、津元が網の修復費を受け取っているのは、前述した長浜村の津元が「水引」「十五引」の一部を網の修復費として受け取っているのと共通している。そして、津元に反抗する網子は網組から除名すると主張している。

津元と網子の訴訟に、幕府の判決下る

これに対して、網子(百姓)側は、四二人連名の反論書を提出した(先の三七人から増えた五人は網子以外の百姓だった。以下では、煩雑さを避けるため、この五人を含む場合も網子と表記する)。そこでは、①網子は、不漁のときも風雨の際も、毎日魚群到来に備えて待機し、少しずつでも漁をしているのに対して、津元は不漁のときは一切漁に立ち会わないこと、②漁業税は、津元だけでなく、網子以外の者も含めた百姓全員で負担していること、をあげて、網戸は津元だけのものではなく、村全体、すなわち百姓全員のものであることを主張している。

また、寛延元年(一七四八)六月には、網子たちの代表が次のように主張している。

①江梨村は村全体の石高が三二石余の小さな村だが、津元四人でそのうち四石八斗余の土地を所持している。そして、津元の所持地については領主から課される雑税（土地の石高を基準に課される年貢以外の諸負担）が免除されており（年貢は負担する）、その分を他の網子たちが肩代わりさせられている。今後は、名主を務めていない三人の津元については、網子同様、所持地に課される雑税を負担させてほしい。

②現在は、村全体で立網漁の網船が四艘、網が一四帖あるが、網についてはこれほどの数は不要であり、大小合わせて五、六帖もあれば十分である。

③津元がさまざまな口実を設けて、漁獲額から自分たちの取り分を引き去るので、網子たちが迷惑している。

さらに、同年一〇月には、網子たちの代表三人が、幕府の代官に、立網漁の漁獲額のうちの津元取り分の減額について、具体的な数字をあげて要求するとともに、津元も含めて、一戸が所持する網は一帖に限るべきだと主張している。

以上の両者の対立に対して、幕府の代官は、寛延三年（一七五〇）九月に、次のような判決を下した。

①網戸の所持権については、先祖が網戸を開発したとする津元側の主張は証拠がないため採用できないとしながらも、網子側の自分たちにも所持権（漁業権）を認めるべきだという要求も却下して、網戸は津元のものという現状を追認した。

②漁獲額からの津元の取得分の割合については、網子側の要求を認めてある程度削減した。
③これまで大網の修復費用は津元と網子の双方が負担してきたのを、以後は津元のみの負担とした。
④津元が求めた反抗的な網子の解雇要求は却下した。

網子の再度の訴えで、網子が名主に

このように、いくぶん網子側に有利な内容だったが、この判決には津元・網子双方とも不満だった。津元側は、早くも判決が出た寛延三年九月に、判決内容の変更を求めて、代官に次のような内容の願書を提出している。

①網子の解雇が認められなければ、網子が津元を支配するようなかたちになってしまい、網子がわがままになって津元の経営が成り立たなくなる。

②以後、大網の修復費用を津元のみが負担するということなら、その分を漁獲額から受け取れるようにしてほしい。漁獲額からの津元の取得割合が減らされたにもかかわらず、費用負担が増えるというのは納得できない。

③たとえば、表向きの漁獲高が魚一〇〇〇本であったとき、実際には「かげ（陰）の物」といって、その他に二五〇〜三〇〇本も網子たちが津元に隠れて自分のものにしている。津元はそれを制止するのだが、網子の人数が多いため制止が行き届かない。これまでは、網子に配慮して、

このことを代官には訴えなかったが、網子がこれまでの仕来りを廃止しようとしている以上、今後はたとえ魚一本であっても「かげの物」を禁止してほしい。

このように、津元は判決に不服だったが、一方で網子側の不満も強かった。網子たちはもはや代官に訴えても埒が明かないと判断し、組頭（名主に次ぐ立場の村役人）平左衛門が網子たちを代表して、江戸の幕府の目安箱（投書箱）に訴状を投げ込んだ。代官よりも上位の幕府高官にじかに訴えようとしたのである。網子たちが、代官の裁許について不満としたのは次の点である。

①網子側の最大の要求である、漁獲額のなかから諸経費として津元が引き取ってきた分の廃止がわずかしか認められなかった。

②大網の新調・修復費はこれまで網子も負担してきたので、今後津元のみが修復費を負担することになっても、網子にも大網の所持権があるはずである。しかし、裁許ではその点が明確でなく、このままでは修復費の負担を根拠に、大網の所持権が津元のみに帰する危険がある。

そして、訴状ではさらに次のように述べられている。

③網子たちのうちの八人で仕立てたイワシ網で漁をする際、漁獲高の四分の一を津元が引き取っているが、迷惑である。

④網子が釣漁に出ると、津元たちは立網漁をおろそかにしたとして、網子を家や寺で謹慎させる。しばらくして謝罪すれば赦されるが、謹慎中は漁業も農業もできない。このように、津元は権威的に網子を脅しつけている。

以上の平左衛門の訴えは効果があった。翌宝暦元年（一七五一）には、江戸時代初頭以来続いてきた、津元のうちの一人が村の名主を務めるという体制が崩れ、網子たちの代表である平左衛門が新たに名主になったのである。

そして、裁判もやり直しとなり、宝暦二年には、代官から改めて裁許（判決）が下された。その内容は次の通りである。

①漁獲額のなかから諸経費として津元が引き取ってきた分が大幅に削減された。さらに、諸経費や漁業税を引いた残りを、津元と網子で分け合う際の分配比率も、寛延三年の裁許におけるよりさらに網子有利に変更された。

②大網の修復費用は、旧来通り津元・網子の共同負担とされた。

③従来は網子たちのイワシ漁の漁獲物の一部を津元が取得していたが、今後は津元取得分の一部を幕府に上納することとされた。

④網戸の所持権については、津元の独占的な権利を否定して、村全体の共同所有であるとした。この④は画期的な変更である。

さらに、宝暦三年一二月には、代官から、漁獲額から控除してよい諸経費や、津元と網子の配分比率などが具体的に示された。そこでは、漁獲額を金一〇〇両とした場合、そこから漁業税や諸経費計六五両余（うち漁業税二五・五両）を引いた残りの純益を、津元と網子で一七両余ずつ受け取ることとされた。ただし、津元は四人、網子は寛延元年に四八人いたので、一人当たりの受取額は津元のほうが断然多くなる。それでも、このとき網子側の取り分が大幅に増えたのは重要な変更だった。

翌宝暦四年にも、幕府の示した裁許の理解の仕方をめぐって、津元と網子の間で意見の食い違いがみられたが、大枠としては宝暦二〜三年の幕府の裁定が、以後明治に至るまで変わらぬ大原則とされた。

この争いで、網子側が得たものは大きかった。そして、網子方の代表として活躍した組頭平左衛門は、宝暦三年に幕府から、子孫に至るまで代々名主役を務めるよう言い渡され、それまで津元が行なってきた漁業税の徴収・上納業務も平左衛門に任された。平左衛門と徳兵衛（とくべえ）（徳兵衛も網子側の中心人物）は、網子たちから、「お二人は村の氏神（うじがみ）（村の守り神）にしたいほどのお方であり、お二人の功績は長く言い伝えます」とまで言われている。

イルカ漁の純益をめぐり、網子がさらに先鋭化

ここでいったんは治まった津元・網子間の争いだが、それから半世紀以上を経て、文化（ぶんか）一四年（一八一七）にまた再燃することになった。同年五月に、網子たちが津元には無断でイルカ漁を行ない、その純益を津元と網子の全員に同額ずつ分配したため、津元が反発したのである。

宝暦三年に代官が示した原則では、漁業税や諸経費を引いた残りの純益を、津元と網子で半々にする、すなわち両者が一七両余ずつ受け取ることとされた。ただし、津元と網子の人数の差に

より、一人当たりの受取額は津元のほうが断然多くなっていた。

ところが、文化一四年には、網子たちが主導して、津元・網子の差別なく、両者を合わせた全員に同一額の純益を分配したのである。当然、津元の取り分は、宝暦三年に定められた、純益を津元と網子で一七両余ずつ受け取るという原則に則ったときよりもずっと少なくなる。これでは、津元が納得するはずがなかった。

さらに、網子たちは純益の均等割りをイルカ漁以外の漁にも適用しようとしたが、そこまでいくと宝暦三年の原則を完全に反故にすることになるため、これは認められなかった。この問題は、文政二年（一八一九）二月に、すべての漁において宝暦三年の原則を守るということで和解が成立した。結局、網子側の津元・網子の純益均等割り要求は通らなかったわけだが、網子たちがそうした要求を行ない、また一時的ではあれ、文化一四年のイルカ漁において均等割りを実施したことは注目すべきである。

ところで、前述したように、宝暦年間の訴訟の際に網子側に立って活躍した功績で、平左衛門家が名主役を世襲することになったわけだが、安政七年（一八六〇）には、宝暦年間の平左衛門の子孫で当時名主を務めていた平左衛門と網子たちの間で争いとなり、平左衛門が名主役を罷免されるという事件が起こっている。その後の動向については、また終章で述べよう（江梨村については、五味克夫氏の研究に拠る）。

3　村同士の争い——内浦六か村vs静浦の獅子浜村

獅子浜村の「餌付漁」に内浦六か村が猛反発

ここまで、江梨村内部の争いをみてきたが、今度は村同士の争いを取り上げよう。内浦の立網漁は魚群の到来を待って行なう「待ちの漁業」だったから、魚群が内浦湾に来る途中で他の村々によって乱獲されてしまえば、そもそも漁が成り立たなくなる。そのため、他村・他地域（とりわけ、内浦に来る以前に魚群が通る海域に近い村々）の動向には常に目を配り、問題をみつければ相手と掛け合い、それで埒が明かなければ幕府や領主に訴えた。そうした争いは江戸時代を通じて、争う相手と争点を変えつつ多数起こったが、そのうちから一つの事例を取り上げて具体的にみてみよう。

明和（めいわ）二年（一七六五）三月、重寺・小海・三津・長浜・重須・木負の内浦六か村の津元兼名主六人が村々を代表して、韮山の幕府代官江川太郎左衛門の役所に、静浦の獅子浜村を訴える次のような願書を差し出した。

　このたび、駿河国獅子浜村の者どもが、これまでなかった大網（立網）を新たに仕立てて、時期を限らずに餌付漁（海に餌のイワシなどを撒いて魚をおびき寄せて捕獲する漁法）を始めたため、私ども六か浦（六か村）には立魚（立網漁の漁獲対象になるマグロ・カツオなどの魚）が一向に寄り付きません。そこで、無制限の餌付漁をやめるよう獅子浜村に再三掛け合いましたが、獅子浜村が聞き入れないためたいへん困っております。

獅子浜村の沖合は魚群の通り道（魚道）になっていて、私ども六か浦に来る魚群もすべて獅子浜村の沖合を通ってやって来ます。私どもの浦は、二月から八月ころまでの間、自然に網戸場に寄って来る魚を待っていて漁をしています。そのため、以前から、獅子浜村の餌付漁は九月から開始する決まりになっていました。

ところが、この間、獅子浜村では餌を積んだ船を数艘沖に出して、魚群を見かけしだい、どこまでも漕ぎ寄せていき、通りかかる魚群を餌でおびき寄せ、獲れるだけ浜へ曳き揚げています。魚は皆餌に惹かれて、その場に留まってしまいます。船の近くにいる魚はもちろん、遠くの魚まで流れて来る餌に惹かれて船の周りに集まって来ます。そうなっては、六か浦には魚が一向に寄り付かず、漁業は不振となり非常に困ってしまいます。恐れながら、こうした事情をご考慮いただき、二月から八月までは餌付漁を止め、これまでどおり九月から始めるように、獅子浜村に命じて下さるようお願いいたします。

私ども六か浦は、昔から漁獲量の多寡に関係なく、毎年総額一一七俵二斗一升の米を浮役として納めています。そのうえ、魚が獲れれば、さらに漁獲額に応じて分一役を納めますし、網船にも税がかかります。このように、何種類もの税を納めているのです。
今後漁が不振になったりしたら、前記のような多額の税を納める手段がありません。そして、津元はもちろん、大勢の網子も職を失って、食べる物もなくなってしまいます。ですから、獅子浜村に、無制限の餌付漁を止めさせてください。六か浦の者どもが漁業を続けて、漁業税も滞りなく納めていけるよう、ひとえに御慈悲の御沙汰をお願い申し上げます。

この願書には、「待ちの漁業」としての内浦漁業の特質が明確に表れている。立網漁は回遊して来る魚群を待ち受けて捕獲する漁法のため、魚群が内浦湾に来る途中で他の村によって一網打尽にされてしまっては漁が成り立たないのである。したがって、内浦の村々は絶えず他の海村、とりわけ内浦に至る魚道に面した海村の漁業動向に神経を尖らせることになった。

そして、獅子浜村との直接交渉では埒が明かなかったため、幕府代官に訴えたわけだが、そこで自己の正当性をアピールする論理としては、①従来の慣行、②多種・多額の税負担の二点をあげている。

①については、獅子浜村の餌付漁の全面禁止を要求するのではなく、従来の慣行どおり九月以降の操業に限定するよう求めている。これまで獅子浜村の餌付漁も条件付きで認めることによってお互いの漁業を両立させてきたのであり、そのルールを獅子浜村が一方的に破るから紛争になるのだという主張である。

②は、多種・多額の漁業税を負担していることを強調して、自分たちの主張が認められなければ税が納められず、それは幕府の税収減となり、幕府にとってもマイナスだという論法である。幕府の利害にも訴えて、自らの主張を通そうという作戦である。

獅子浜村の反論

以上の内浦六か村の訴えに対して、二か月後の明和二年五月に、獅子浜村の津元四人は、幕府に次のような返答書を提出した。

六か浦側は、獅子浜村は前々からイワシ漁と釣漁のみ行なっていたところ、今年三月から新たに大網（立網）を仕立てて餌付漁を始めたと主張していますが、これは偽りです。獅子浜村も六か浦と同様、前々からさまざまな漁法で漁をしてきました。また、当村は浮役の米四石二斗三升をはじめ、漁獲額に応じた負担や漁船にかかる税などを負担しています。そして、以前から自村の前海で、何月から何月までといった時期の制限なしに、餌を撒いて大網で獲る漁業をしてきました。

六か浦の漁場は入江なので、餌を撒かなくても魚がそこに留まりますが、当村の前海の漁場は入江ではないので、そこを通りかかる魚を獲ることになります。そうした漁場環境のため、以前から餌を撒いて立網漁をしてきました。どこでも海辺の村々は、それぞれの環境に応じた漁法を用いて漁をしています。当村では、餌を撒かなければ魚が留まらないので、ずっと餌付漁をしているわけです。それに対して、今回新たに六か浦側が、餌付漁を妨害するような不当な訴えを起こしたのは、どういうつもりでしょうか。

六か浦では、当村の餌付漁によって六か浦が不漁になっていると主張しますが、たいへん勝手な言い分だと思います。六か浦に来る魚が大海のなかで当村の前海を必ず通るというわけではありません。

当村も六か浦同様、漁業によって生活している村です。また、六か浦同様に漁業税も納めています。ただ、漁場の条件が異なるために、それに応じた漁法で漁業をしているだけです。ですから、六か浦の訴えを却下して、当村がこれまでどおり餌付漁を続けられるようにしてください。

この返答書において、獅子浜村は、自村が餌付漁を行なうことの正当性を主張して、六か浦と真っ向から対立している。獅子浜村は、同村の前海の環境に応じた餌付漁を以前から行なってきたとして、今になって突然その制限を求める六か浦側の不当性を強調している。また、獅子浜村も六か浦同様さまざまな漁業税を納めていることや、餌付漁を差し止められれば村人の暮らしが成り立たないことなども主張している。

ただし、マグロ・カツオなどの魚群が獅子浜村の前海を通って内浦湾に来ることは事実であり、獅子浜村の前海は魚群の通り道に当たっていた。獅子浜村側にはそもそもそうした認識がなかったのか、それともわかっていても訴訟戦術としてそれを認めなかったのかはわからない。
また、獅子浜村は、自村も六か浦同様に浮役を納めていると述べているが、これも事実に反する。同村は、漁獲額に応じた漁業税（分一役）しか納めていない。こうした点で、獅子浜村の主張は客観的にみて説得性に欠けると言わざるを得ない。

幕府の判決と獅子浜村の判決無視

それでは、幕府は両者の争いに対していかなる判断を下しただろうか。同年（明和二年）一二月に幕府が下した裁許は、次のような内容だった。

原告の六か浦は、次のように言う。われわれは、村の前の漁場で、毎年二月末から九月九日までの間、立網漁をしてきた。それに対して、内浦以外の周辺村々（獅子浜村も含む）では、長さが四〇〇尋（ひろ）（約六〇〇メートル）以内に制限された大網を用いて、秋冬の間餌付漁をしてきたが、春夏の時期に餌付漁をすることはなかった。ところが、今年の三月から、獅子浜村が長さ九〇〇尋（約一三五〇メートル）もの大網を仕立てて餌付漁を始めたので、六か浦の漁業に支障が出ている、と。

これに対して、獅子浜村は、以前から長さ九〇〇尋の網を用いて、一年中餌付漁をしてきたと反論している。

この件に関して、江浦湾沿岸（静浦地域）の村々に事情を聞いたが、六か浦と獅子浜村のどちらが正しいか判然としない。六か浦が、獅子浜村が今年から新しく大網を仕立てたとする主張は採用できない。一方、獅子浜村が一年中餌付漁をすれば、六か浦の漁業の支障になることは明らかであり、よって獅子浜村の主張も成り立たない。

ついては、以後、獅子浜村で用いる大網の長さは八〇〇尋（約一二〇〇メートル）までとする。また、七月から翌年二月までの間は餌付漁をしてもよいが、三月から六月までは餌付漁を禁止する。釣漁は、他の漁場の支障にならない範囲で、一年中自由に餌を撒いて行なってよい。以後は双方とも和解して、再び訴訟など起こさぬようにせよ。

この判決では、獅子浜村の大網の長さと餌付漁の漁期が制限された。大網の長さは、訴訟当時の九〇〇尋から八〇〇尋以下へと短縮された。六か浦の主張する四〇〇尋以内と獅子浜村の主張する九〇〇尋との間の長さである（それでも獅子浜村に有利ではあるが）。また、獅子浜村の餌付漁が六か浦の立網漁に悪影響を及ぼすことが認定され、餌付漁の漁期は毎年七月から翌年二月までの期間に限定された。ただし、獅子浜村の餌付漁は全面禁止されたわけではなく、上記の条件付きで認められたのであり、釣漁であれば年間を通して可能であった。その点では、獅子浜村の完全敗訴というわけではなかった。

漁期については、六か浦の立網漁の盛期である三月から九月前後の期間のうち、前半の四か月間は餌付漁を禁止し、それ以降は餌付漁を許可するというように、若干六か浦寄りでありながらも、双方の顔を立てた判決になっている。幕府には、六か浦と獅子浜村の双方の漁師たちの生活と生業を保障する責務があり、それはひいては漁業税の確保というかたちで幕府の利益にもつながった。そのため、何とか落としどころをみつけて、両者の妥協点を見出そうとしたのである。

こうして明和二年の争いは決着したが、これが最終的な解決とはならなかった。それから三一年後の寛政八年（一七九六）三月には、重寺・三津・長浜・重須（以上、内浦）・江梨（西浦）の五か村の名主が、獅子浜村の不法を、当時獅子浜村の領主になっていた沼津藩に訴え出ている。五か村の訴状によれば、獅子浜村が同年三月から自村の沖で餌付漁を行なっているので、五か村の立網漁に支障が出ているという。五か村側が抗議しても、獅子浜村が聞き入れないので、沼津藩に訴え出たのである。五か村側は、獅子浜村の行為は明和二年の幕府裁許（三月から六月までは餌付漁禁止）に違反するものだと強調している。一方の獅子浜村にとっても、三月から六月までの餌付漁禁止は打撃であり、そのため裁許に違反しても、このときあえて三月の操業に踏み切ったのである。双方とも生活がかかっているだけに、対立の完全解決は難しかった。

海村をたびたび襲った飢饉、地震、津波

江戸時代の海村は、たびたび災害に見舞われた。内浦・静浦・西浦において特に大きな被害

をもたらした災害としては、寛文一一年（一六七一）、宝暦元年（一七五一）、宝暦七年（一七五七）の風水害、天明三年（一七八三）から同六年の農作物の凶作、天保四年（一八三三）から同七年の凶作、安政元年（一八五四）の大地震と津波などがある。

宝暦元年には、六月二五日の夜から大雨が降り出し、翌日まで降り続いた。そのため、三津村では山崩れが発生し、村内を流れる川が氾濫したため、田畑に水や山からの石が流れ込んで、一面河原のようになってしまった。また、山崩れによって、大石・大木が海まで押し寄せたため、三か所ある網戸場のうち二か所の海底がそれらで埋まって、立網漁ができなくなってしまった。この二か所は、少なくとも七年後の宝暦八年の時点ではまだ復旧されていない。

長浜村では、このときの山崩れによる土石流で耕地や道路が被害を受けた。浜辺の小屋に収納されていた漁具も被害を被った。また、小沢網戸には山崩れによって大木が流れ込み、それが海底に散乱したため、立網漁の網が曳けなくなってしまった。小沢網戸は、少なくとも宝暦一〇年の時点ではまだ復旧されていない。

宝暦元年には、重須・木負・平沢・古宇・久料・江梨の各村でも大きな被害が出た。村々では、復興費用を領主から拝借して復興に努めたが、復興の困難さに加えて、拝借金の返済も負担になっていった。こうして、災害の影響はあとあとまで村々に傷痕を残したのである。

天明三～六年は、全国的にも冷害による凶作が深刻で、「天明の大飢饉」が発生した。当地域も例外ではなく、村々には食糧がなくて飢えた村人たちが大勢出た。このとき、重須村の津元土屋喜藤治（久兵衛）は、凶作と不漁のため経営が行き詰まった。そのため、天明三年には、田畑・山林・家財を処分して借金の返済に充て、所持する網戸株は三島（現静岡県三島市）の商人に質入れして、自身は江戸に出て領主の屋敷で武家奉公をしていた。

天明五年になって、重須村に残してきた老母の病状が悪化したため、喜藤治は帰村を決意した。しかし、質入れした網戸株は何とか取り戻したものの、不漁続きで漁船・漁具の修理・新調もままならず、漁船・漁具の老朽化のために、せっかく来た魚も取り逃がす始末だった。また、本来なら、網子や漁の手伝いの者が困窮したときには助けてやるべきところを、当時は網子に縋られても救うことができないありさまだった。

そのため、天明五年に喜藤治は、領主に金二〇〇両の拝借を、二〇年賦返済という条件で願い出ている。この金で、家族や網子の生活を支え、漁船・漁具を修理・新調して、立網漁を再興しようというのである。以上の経緯から、津元・網子両者ともどもの窮状が窺われる。

天保四年から七年にかけても、冷害・虫害・暴風雨によって、当地域は凶作になった。さらに、不漁も追い打ちをかけた。天明のときと同様の、凶作と不漁のダブルパンチである。このときは全国的にも凶作で、「天保の大飢饉」となっている。

第五章

江戸後期

「新漁場」の操業で、漁業秩序に大亀裂

1 「新漁場での操業」は他村の支障になるか——内浦の小海村vs内浦の他の村々

小海村の新たな立網漁計画に他村猛反発

第三章と第四章で、一八世紀ころまでの海村の変化のありようをたどってきた。それを受けて、本章では、一九世紀に当地域の村々でどのような事件が起こったかをみていきたい。まず、内浦の小海(こうみ)村の動向をみてみよう(以下は、中村只吾氏の研究に大きく依拠している)。

文化一四年(一八一七)から文政七年(一八二四)にかけて、小海村の新たな網戸での操業をめぐって、同村と他の内浦村々(重寺・三津・長浜・重須・木負の五か村)との間で争いが続いた。争いは、文化一四年六月に、小海村の名主喜惣太(きそうた)ら村役人三人が、当時小海村の領主であった小田原藩に、次のような願書を差し出したことから始まった。なお、内浦村々では、通例、津元のうちの一人が名主を務めたが、喜惣太は津元ではなかった。

小海村の領海内の久保浜(くぼはま)(93ページの図15、97ページの図17参照)という所は、魚がよく寄り付く場所になっているので、久保浜を立網漁の網戸に再興して、そこで漁業を始めれば村の助けになると思い、村中で相談のうえ、上様(小田原藩)に許可してくださるようお願いしました。

また、その旨を、隣村の三津村にも伝えました。三津村の津元が、それについて、重寺・長浜・重須・木負各村と相談したところ、各村は久保浜での操業に反対の意向を伝えてきました。

それに対して、小海村の名主喜惣太は、「小海村では不漁が続いて、村人たちが困窮しており、このままではやっていけません。久保浜は小海村の領海内だし、先年もそこで漁をしていた場所なので、このたび久保浜での漁を再開しても、けっして他の村々の漁業の支障にはなりません。ですから、久保浜での漁を行ないたいと思います」と返答しました。

しかし、五か村の者どもは、久保浜での操業が五か村の漁業の支障になると主張して譲りません。これでは操業が始められず、たいへん迷惑しています。先年久保浜で漁をしていたことは、そのときの漁獲高に関する帳面が残っているので確かですし、そのとき他の村々に迷惑をかけたこともありません。ですから、どうか御慈悲をもって、久保浜での漁業を許可してください。そうすれば、小海村の百姓全員が助かり、有り難き幸せに存じます。

小海村は、この間使用を休止していた久保浜網戸での操業再開を願っているのである。この小海村の願書の内容は、提出先の小田原藩から幕府の韮山代官所に伝えられた。小田原藩は一存で解決できなかったため、小田原藩の上位にある幕府の代官の判断を求めたのである。韮山代官所からこの問題についての見解を尋ねられた五か村の津元たちは、文化一四年六月に、早速次のような反論書を提出した。

内浦の重寺・小海・三津・長浜・重須・木負の六か村は組合（村々の連合）をつくり、各村がそれぞれ浮役という漁業税を上納して、網戸場において立網漁を行なってきました。そして、津元たちは、お互いに申し合わせて、新規に従来の網戸場以外の場所で立網漁を始めることや、立網漁の操業時にそれ以外の小規模な漁を行なうことを禁止してきました。

しかるに、今回、小海村が新規の立網漁開始を出願したことには驚いております。新たな網戸ができては、これまで村々で取り決めてきた「浦例（うられい）」（内浦の村々全体で守るべき決まり）が無効になり、五か村の網戸持たちは経営を続けていくことができません。

久保浜は魚群の通り道（魚道）に当たっており、他の五か村は久保浜を通って来る魚たちを待ち受けて立網漁をしています。その久保浜で新たに立網漁を始められては、とりわけ（久保浜南方の）三津・長浜・重須三か村の立網漁が大打撃を受けることは間違いありません。それでは、幕府（韮山代官所）への漁業税上納にも支障が出てしまいます。

小海村では、先年久保浜で漁業をしていたことがあると言っていますが、久保浜は元から立網漁をしてはならない場所です。以前、小海村の者が久保浜で漁をしたことがありましたが、五か村の者が咎めたところ、「今後は漁をしませんので、どうか用捨（ようしゃ）してください」と言うので、組合のよしみで勘弁しました。小海村では、それ以降ずっと、久保浜で漁をすることはもちろん、網船を久保浜に乗り出すこともありませんでした。

小海村の彦兵衛（ひこべえ）と友右衛門（ともえもん）は先祖代々の津元で網戸持でもあり、前述のような「浦例」も承知しているはずなのに、今回小海村の村人たちと一緒になって、網戸の新設を企てていることははなはだ不可解です。どうか御慈悲をもって、小海村の新規立網漁の出願を却下してください。

「津元でない者の主導による立網漁」という衝撃

以上の文書にほかの文書からの情報も加えて、両者の主張をまとめると次のようになる。小海村は、生活の困窮を理由に、久保浜での立網漁開始を希望しており、その主張の正当性の根拠としては、①久保浜が小海村の領海内であること、②久保浜は以前もそこで漁をしていた実績をもつ網戸であり、その証拠となる文書をもっていること、③久保浜からは、網戸に賦課される浮役を上納していること、④久保浜での漁は他村の支障にはならないこと、をあげている。③は、納税している以上、そこで操業する権利があるという主張である。

これに対して、五か村側は、久保浜での立網漁開始に真っ向から反対している。小海村の主張に対しては、①久保浜が小海村の領海内であることは認めるものの、②小海村が以前にそこで立網漁を行なっていたという事実はなく、たまたま行なったときには五か村から咎められて謝罪していること（すなわち、久保浜を網戸として認めていない）、小海村のいう証拠文書なるものは他村との共同操業のときのものであって、小海村が単独で久保浜で操業した実績を示すものではないこと、③小海村が納めている浮役は別の網戸に対して賦課されたものであること、④久保浜は魚道に当たっており、そこでの操業は他村の立網漁に悪影響を及ぼすこと、を主張している。

争点の②で、小海村と五か村側は相対立する主張をしているが、一方で両者は、従来とは異なる新規漁業は禁止されるべきだという基本認識では一致している。そのうえで、小海村は久保浜での立網漁には先例があるから新規の漁ではないと言い、五か村側はまったく新規の漁であるから認められないと言っているのである。

また、五か村側は、小海村側の中心人物が、津元ではない名主喜惣太と一般百姓の代表の平左衛門であることに神経を尖らせている。五か村側は、相手が小海村の津元なら、古来の「浦例」をわきまえているはずであり、それを共通の前提として、お互い穏やかに話し合って解決したいが、「浦例」をわきまえない百姓たちが中心ならば、議論に共通の前提がないので、代官から出願を却下してもらうしかないと主張する。「浦例」をわきまえない百姓たちとは、話し合う余地がないというのである。この点に関わって、五か村側は、小海村が言う立網漁の証拠文書は津元だけがもっているはずのものであり、津元以外の者が所持しているというのは不審だとも述べている。

五か村側は、立網漁の主導者は津元に限られると主張して、小海村の百姓一同が津元と一緒になって立網漁について願い出ていることに強く反発している。そして、小海村の津元たちが、百姓たちに同調していることに不信感を抱いている。そうした反発の背景には、小海村で一般の百姓たちが津元を差し置いて、立網漁の主導権を握るようなことがあれば、五か村における津元主導の体制にも影響が及ぶという懸念が存在していた。

確かに、小海村では、それまで漁業に携わっていなかった者たちも含めた百姓一同が中心になり、津元の協力を得て、久保浜での操業を願い出ており、五か村の津元にすれば、そうした村ぐるみの操業形態には大きな懸念を抱かざるをえなかった。津元としては、立網漁はあくまで津元が主導すべきものであり、村全体での共同経営などとても容認できるものではなかった。

この一件については、文政七年一〇月に、幕府による裁許がなされた。それは、以下のような内容だった。

①原告小海村の主張については、小海村が証拠とする帳面は、久保浜での同村の単独操業に関するものだとは断定できない。よって、久保浜で過去には漁をしていたとの主張は、文書からは裏付けられない。

②被告の五か村側についても、久保浜が五か村にとっての唯一の魚道であるとの主張は成り立ちがたい。総じて、双方の主張とも、確たる証拠がないため信用できない。

③以上をふまえて、小海村が、毎年六月から一一月までの間、前海（まえうみ）（前海は小海村が以前から使用していた網戸、93ページの図15参照、前海での操業は五か村側も問題にしていない）・久保浜の二か所

の網戸で立網漁をすることを許可する。ただし、一二月から五月までは、前海のみで漁をすべし。④立網漁は、小海村に二つある従来の網組単位に行なうものとし、網組は津元が統括せよ。万事新規のことはしてはならない。

このように、小海村の久保浜での操業要求は、期間限定で認められた。この点では、限定付きながらも、小海村の意向が通ったといえる。一方、立網漁の操業形態については、従来どおり津元が統括する網組単位で行なうものとされた。この点では、津元主導という五か村側の主張が通っている。

ただし、最終的には認められなかったとはいえ、小海村から、一般の百姓と津元の共同経営による立網漁操業の要求が出されたことの意義は重視すべきである。小海村では、立網漁の操業形態についての考え方が、津元主導から共同経営の容認へと、津元も含めた村全体で変わってきたのである。前章では、江梨村において、立網漁に関して網子の発言力が強まっていくようすについて述べたが、小海村の動向はそれと共通する側面をもっていた。

そして、文政七年一一月には、津元や網子の代表たちから、先の出願で一般百姓の代表となった平左衛門に対して、訴訟での骨折りへの褒賞として、以後久保浜での立網漁のたびに、漁獲高の一定割合を、漁をした網組から渡すことを約束している。

2　百姓による「新規立網漁」の波紋――重須村の事例

百姓代・三十郎による新規の立網漁計画

一九世紀には、小海村に続いて、内浦南部の重須村でも漁業をめぐる争いが起こり、それは他の村々をも巻き込むものに拡大していった。以下では、その争いの顚末をみていきたい（以下は、中村只吾氏の研究に大きく依拠している）。

この争いは、天保一四年（一八四三）に、重須村の百姓代（百姓代は、名主や組頭の村運営を補佐・監査する村役人）三十郎が、村の前の海で新たに立網漁を始めようとしたことが発端だった。しかし、重須村の津元たちが三十郎の企てに反対したため争いになったのである。まず、同年七月一日に、三十郎が、重須村の名主兵右衛門と組頭喜藤治（二人とも津元）を、当時重須村の領主だった旗本大久保氏に訴えた訴状から、三十郎の主張を聞いてみよう。

重須村は戸数五四戸の村で、耕地の地味が悪く、農業だけでは暮らしていけません。そこで、私（三十郎）は先年まで農業の合間に漁業もしていましたが、近年は都合により漁業を休んでいます。けれども、私は今も網戸株をもっており（網戸持であるということ）、浮役（漁業税）も毎年上納しています。

重須村には六か所の網戸場がありますが、今はそのうちの二か所（網戸の名前は与瀬と洞という、93ページの図15参照）で名主兵右衛門と組頭喜藤治が立網漁をしているだけであり、あとの四か所はこの間使われていません。

近年は農業が不作続きで、そのうえこの三〇年のうちに二度も大きな火災に遭いました。そのため、百姓たちの生活は苦しくなり、所持する耕地を他の村の者に質入れして借金しているありさまです。百姓一同は、この先どうやって暮らしていけばいいのかわからず、当惑しています。

村の五四戸のうち漁師をしているのは一四戸だけなので（二艘の網船に七人ずつ乗り組んでいる）、あとの四〇戸はたとえ大漁が続いたとしても、それで暮らしがよくなることはありません。私は、今は漁業を休んでいますが、網戸株を所持して浮役も納めていますので、立網漁を行なう資格はあるはずです。そこで、現在使われていない四か所の網戸場のうち、内三久保と外三久保（93ページの図15参照）の二か所で試しに操業してみて、より漁業に適したほうの網戸場で立網漁を再開したいと思います。

そして、これまで漁業に携わってこなかった百姓四〇戸のうちから八人（一戸一人ずつ）を網船の乗り手にして、彼らには漁獲高の二割五分を渡します。それ以外の三二人には大きな魚群が来た際に漁の手伝いをさせて、漁獲高の一割を渡します。また、漁獲高の一割は、この四〇人が不作や不漁で困窮したときのための救済資金として積み立てておきます。そうすれば、これまで漁業に関わってこなかった者たちにも、かなりの助成になると存じます。

以上の計画を名主兵右衛門と組頭喜藤治に話したところ、二人は、「重須村では、実際に立網漁をする網戸場は二か所に限られており、他の四か所で漁をすることはない。他の四か所で漁などすれば、組合（内浦の村々の連合組織）の規定に違反することになり、「浦法」（＝「浦例」、内浦における漁業慣行）が崩れてしまう。だから、三十郎の新規の計画は認められない」と言って取り合ってくれませんでした。

しかし、今回私が漁を始めようとしている場所は、新規の網戸場などではありません。また、私は網戸場一か所分の浮役（村全体で納めるべき浮役の六分の一）を今までずっと納めていますから、使われていない網戸場で漁業を再開する権利があります。それなのに、兵右衛門らが反対するのは、自分たちが漁業の収益を独り占めしたいからです。毎年浮役を上納しているのに漁業ができないのでは、浮役を納めている意味がありません。

文政年間に小海村が久保浜で新規に漁業を始めようとしたとき、近村の漁師仲間が申し合わせて、幕府に支障を申し立てました。しかし、幕府はこの訴えをしりぞけたので、小海村では今も久保浜で漁を続けています（この経緯については前述）。まして、私は浮役まで納めているというのに、他の村々は「仲間の取極め」や「組合規定」に反するなどと自分勝手なことばかり言っており、私にはまったく理解できません。

どうか格別の御慈悲をもって、兵右衛門と喜藤治に、先年より私が持っている漁業権に異議を唱えることなく、一村仲良く漁業ができるよう仰せつけてください。

津元の反発と、領主の判決

こうした三十郎の主張に対して、兵右衛門と喜藤治は、天保一四年七月二八日に、領主の大久保氏に次のような内容の返答書を差し出している。

一、三十郎は先年漁業を営んでいたと言っていますが、それは偽りです。昔から、私たち（兵右衛門と喜藤治）の他に重須村で立網漁を行なっている者はおりません。三十郎が以前は漁をしていたというなら、その証拠を出させて吟味してください。

三十郎は、重須村には網戸場が六か所あるといいますが、そのうち二か所は私たちが昔から漁をしてきた場所です。他の四か所では、立網漁をしないことになっています。

浮役は漁業に関係する税ですが、立網漁とは直接関係ありません（浮役はあくまで立網漁を行なう前提としての海面占有利用税であり、立網漁の漁獲額の一部を納める分一役と比較した場合、相対的に立網漁との関係は薄いという主張である）。ですから、浮役を納めているからといって、立網漁をする権利があるというわけではありません。

一、内浦の海面は手狭なので、新規の場所でわがままに漁を始める者がいると、お互いの漁業が成り立ちません。そこで、内浦の六か村が連合して、新規の立網漁の禁止を定めて、互いに平穏に立網漁ができるようにしてきました。

今回三十郎が漁を始めたいといっている内三久保は、日常的には使っていませんが、他村と共同でイルカ漁をするときなどは内三久保を使うことがあります。そのため、普段から三十郎に内三久保で漁をされてはたいへん困るのです。三十郎の企ては、従来の「浦法」を崩すものです。

三十郎は、これまでは一四軒の漁師（網子）以外の百姓は漁業の恩恵を受けてこなかったと言いますが、大きな魚群が来たときには、漁師以外の百姓のうちから希望者を募って、三〇人余も船に乗せており、彼らには漁獲高の一割ほどを渡しています。また、それ以外にも、漁の手伝いをしてくれた者には、漁獲高に応じて手間賃を渡しています。

一、三十郎は村のためなどと体よく願い上げていますが、実際は私欲のためです。彼のために「浦法」が破られ、従来の立網漁に支障が出るのは何とも嘆かわしいことです。三十郎が所持している網戸株の多くは、彼が今年になって購入したものです。彼は廻船問屋（貨物船を使った海運業者）であり、酒造業も営んでいます。そうした家業を大事にしていればいいのです。ところが、今般新たに漁業に進出しようとするのは、私たちの稼ぎを妬んでのことだと思います。どうか、三十郎に、お互いの家業を大事に務めるのが一番だと言い聞かせてください。

このように、津元二人は、それまでの漁業慣行（「浦法」）を楯に、三十郎の漁業への参入に強く反対した。では、両者の対立はどのように決着したか。天保一五年（＝弘化元年、一八四四）五月に、領主の大久保氏は次のような判断を示した。

実際に操業する網戸場を二か所に限るというのはいつ決めたことなのか、また他の四か所で操業しないようになったのはいつからかという二点については、いずれも証拠となる文書はないとのこと。それでは、兵右衛門と喜藤治の主張は支持できない。よって、四〇軒の百姓たちの助成にもなることなので、先に（天保一四年七月に）三十郎の出願を許可した。

そうしたところ、兵右衛門と喜藤治が、「内三久保はイルカなどの立網漁のときに使う場所なので、三十郎にそこで漁業をされては困ります」などと申し立ててきた。そこで、先の許可を修正して、内三久保での操業は禁止し、三十郎には外三久保でのみ操業を許可する。

三十郎を相手取り、内浦四か村が幕府に出訴

三十郎と兵右衛門・喜藤治は、ともに少なくとも主張の一部は認められたため（外三久保での操業許可と、内三久保での操業禁止）この大久保氏の裁定を了承した。これで、三十郎の漁業参入は実現するかと思われたが、そう簡単にはいかなかった。今度は、内浦の他の村々が異議を唱え

た。天保一五年（一八四四）一〇月に、重寺・三津・長浜・木負四か村（ここに同じ内浦の小海村が加わっていない理由は後述）の津元一四人が、三十郎を相手取って幕府に出訴したのである。大久保氏の裁定を覆すには、大久保氏の上位権力である幕府に訴えるしかなかった。内浦四か村の訴状から、その主張を聞いてみよう。

　今年の夏から、重須村の三十郎が、領主の許可を得たといって、外三久保で新たに立網漁を始めました。すると、小海村の津元たちが、三十郎と馴れ合って、「これまで、小海村の久保浜網戸では、文政年間以来、幕府の裁許によって、毎年六月から一一月までの半年間だけ立網漁をしてきたが、三十郎の新規の漁が認められるのであれば、久保浜でも通年で漁をすることにしたい」などと言い出しました。

　内浦湾の湾口の両端に当たる外三久保と久保浜で立網漁をされては、われわれ四か村の網戸場まで来るはずの魚をそこですべて獲られてしまいます。そのため、三十郎に新規の立網漁を止めるよう再三掛け合いましたが、取り合ってくれません。小海村についても、同村の御領主である大久保加賀守様（小田原藩）から、幕府の裁許をきっと守らせるとの御意向が示されましたので、今回小海村を訴えることはいたしませんが、三十郎については、すぐに新規の立網漁を止めるよう命じてください。

この訴えを受けて、三十郎も幕府に返答書を提出した。そこでは、従来からの主張に加えて、「重寺・木負両村は重須村とは別の入江に面しているため、私（三十郎）の立網漁によって、自村の漁が妨げられるなどということはありません。それなのに、長浜・三津両村と一緒になって私を訴えているのは納得できません。私の外三久保での漁は、他の村で獲り漏らした魚を獲っているのであり、他村の漁の妨げにはなりません。四か村の一四人の津元たちが、内浦の海面全体を自分たちの支配する場所のように考えて、私を訴えるというのは理解できません」と述べられている。

双方の主張を踏まえて幕府の取り調べが始まったが、その途中で幕府の意向もふまえて、三十郎と四か村の津元たちとの間で話し合いがまとまり、弘化二年（一八四五）六月に和解文書が作成された。和解内容は、「三十郎が外三久保で始めた立網漁は、領主大久保氏の許可を得たとはいえ、まったく新規のことである。そこで、以後、外三久保での立網漁は禁止する。以前から兵右衛門と喜藤治が与瀬・洞の二か所の網戸場で行なってきた立網漁のほかは、今後一切新規の漁は行なわない」というものであった。

四か村の津元側の主張が全面的に通ったのである。幕府が四か村側の主張を認めたため、一度は領主大久保氏が出した許可は取り消された。幕府の旗本である大久保氏の判断より、その上位にある幕府中枢の判断が優先されるのは当然であり、それには三十郎も従わざるを得なかった。こうして、三十郎の漁業への進出は頓挫することになったのである。

津元主導の漁業秩序のゆらぎ

ここで、この争いにおける小海村の動きについて述べておこう。小海村は、じつは天保一五年五月の時点では、重寺・三津・長浜・木負四か村と一緒になって、三十郎の新規漁に反対していた。しかし、大久保氏が三十郎の願いを許可したのをみて、小海村の久保浜網戸でも通年で立網漁を行なうべく、四か村との共同戦線から離脱した。そのため、天保一五年一〇月の幕府への出訴には、小海村は加わっていない。小海村の領主である小田原藩は、小海村に他の四か村と共同歩調をとるよう説得したが、小海村はそれに難色を示した。立網漁という村の基幹産業に関わる問題のため、領主の意向といえども、すぐには従えなかったのである。

しかし、弘化二年六月に、四か村側の主張が通って争いが決着したため、久保浜網戸での通年操業が認められる見込みはなくなった。そのため、小海村では金五両を四か村に差し出して詫びを入れ、四か村側もそれを受け入れたので、小海村も村々の連合に復帰することができた。

また、重須村の津元の兵右衛門と喜藤治は、天保一五年五月に、三十郎の新規漁業を認める大久保氏の裁定を、一度は受け入れた。そこで、その後になって四か村に同調して三十郎を訴えるのは、大久保氏に対して憚られるということで、やはり天保一五年一〇月の幕府への出訴には加わっていない。しかし、兵右衛門らは当初から三十郎の企てには反対だったのであり、四か村側と思いは同じだった。そこで、訴訟の表面には出ないものの、訴訟費用を分担するなどして四か村に協力している。

さらに、木負村は当時不漁続きで経済的に苦しかったため、訴訟にはあまり積極的ではなかった。それを、長浜村や三津村が、木負村の訴訟費用の負担を軽減するという条件を出すことで、訴訟に加わってもらったのである。

以上みてきた争いは、当初は重須村の内部での争いだった。そして、領主の大久保氏は三十郎の願いを一部認めた。ところが、内浦の他の四か村がそれに異議を唱えて、今度は幕府法廷での、三十郎と四か村の津元たちとの争いとなった。このように、争いの前半と後半では、三十郎と争う相手側の顔ぶれと、争いを裁く領主に違いがみられた。重須村一村内の争いから、内浦全体を巻き込む争いへと範囲が拡大したのである。

その一方で、争点は前半と後半で大筋において共通していた。三十郎の新規漁業が他の津元たちの立網漁の支障になるかどうかが最大の争点だったのである。そして、争点は共通しているにもかかわらず、大久保氏は三十郎の新規漁業の願い出を認め、幕府はそれを却下した。そこには、裁く側の立場の違いが反映していた。大久保氏は、当時内浦の他の村には領地をもっていなかった。そのため、重須村のことだけを考え、三十郎の出願は多くの村人に新たな就業機会を与えるもので、村の繁栄につながると判断して、出願を許可した。

他方、幕府は、四か村の反対を受けて、内浦全体の利害を考慮しつつ判断を下すことになった。幕府は、内浦六か村の過半が反対している以上、それは重須一村の利害より優先されるべきだと判断したのである。

こうして三十郎の出願は実を結ばなかったが、彼が従来からの津元主導の漁業秩序にとらわれずに、新たな漁業を始めようとして、一時はそれを実現したことは注目すべきである。また、彼に反対する側も、小海村が一時戦線を離脱したり、木負村が訴訟に消極的だったりと、必ずしも一枚岩ではなかった。津元たちが結束して主導する固定的・伝統的な漁業秩序に随所で綻びが見え始めていたのである。その綻びは、のちにまた顕在化することになった。それを、次にみよう。

津元自身が新漁場での操業を願い出る

嘉永(かえい)六年（一八五三）一一月に、重須村の津元（土屋）伊左衛門(いざえもん)と喜藤治が、幕府の韮山代官所に次のような願書を提出した。

重須村では、昔から与瀬と洞という二か所の網戸場で立網漁をしてきました。ところが、洞網戸には川から増水のたびに大量の石・砂が流れ込んだため、広範囲に干潟(ひがた)ができて、網戸場が手狭になってしまいました。放置しておいては網戸場が使えなくなってしまうので、文政一二年（一八二九）に自費で土砂流出防止のための治水工事を行ないました。

ところが、海底の状態が変わったせいでしょうか、その後も不漁が続きました。さらに、天保七年（一八三六）には大飢饉となり、食糧などの価格が高騰しました。そのため、食糧などを購入している漁師たちはたいへん困窮し、その日の食糧にも差し支えるありさまでした。その窮状を御代官様に訴えたところ、漁師たちに無利息でお金を貸してくださったので、それで食糧を購入して飢えを凌ぐことができました。しかし、その後も海底の状態は悪くなる一方で、さらに不漁が続きました。

そこへ、今年の五月一九日に、過去に例のないような川の増水が起こりました。そのため、文政一二年の治水工事で築いた石積みが残らず流失し、大石や泥・砂が魚道（魚の通り道）へ押し出したため、洞網戸が壊滅状態になってしまいました。そのため、古くから行なってきた漁業がまったくできず、たいへん困っています。

そこで、村一同で相談した結果、内三久保という場所へ、網戸の場所替えをしたいと思います。どうか場所替えを許可してくださるよう、領主（旗本大久保氏）からいただいた添え状を付けて、お願い申し上げます。

このように、度重なる自然災害を受けたため、重須村では、洞網戸を放棄して、代わりに内三久保を新たに網戸場として利用したいと願い出た。この内三久保とは、天保一四年に、三十郎が網戸場としての利用を出願した場所である。このとき、幕府はそれを却下した。今回は大久保氏の許可は受けたので、大久保氏に添え状を書いてもらったうえで、幕府代官の許可を求めたのである。前回と違うのは、前回の出願者は三十郎であり、重須村の津元二人はそれに反対だったのに対して、今回は重須村の津元二人が自ら出願者になっていることである。今回は村ぐるみの出願だった。

しかし、この出願は簡単には認められなかった。今回も、また前回同様、内浦の他の村々から異議が出されたのである。嘉永七年一〇月に、重寺・三津・長浜三か村の津元四人は、幕府の韮山代官所に次のような願書を提出した。

私どもの村は漁業をもっぱらとしています。漁業には「浦法」という規定があり、新規の漁業はけっして認められない決まりになっています。ところが、今般、重須村の津元たちが、従来の網戸場では漁業ができないと偽りを言って、内三久保という新規の場所で立網漁を始めたいとの出願を行ないました。

しかし、重須村三十郎の出願など、過去に何度かあった新規操業願いはすべて認められませんでした。今回、重須村の津元伊左衛門らの出願が認められれば、「浦法」は破られ、近隣村々の漁業に支障が出ることは間違いありません。よって、伊左衛門らに、従来の網戸場と「浦法」を守り、絶対に新規の企てをしないよう、厳しく言い聞かせてください。

こうした三か村の反対を受けて、嘉永七年一〇月二八日に、重須村の津元伊左衛門と喜藤治は、韮山代官所にあらためて嘆願書を差し出した。そこでは、先の願書の内容に加えて、以下の点が述べられていた。

①伊左衛門らの出願は、従来の網戸場で漁ができなくなったため場所替えを願うもので、新規に漁業を始めるわけではない。古くから内浦六か村全体で網戸場は一八か所と決まっているが（この一八という数については諸説あり）、洞から内三久保に場所替えしても一八という総数に変わりはない。以前に、木負村でも同様に場所替えをした例がある。

②今回新たに願い出た内三久保は、三津村や長浜村などの網戸場の場末にあるので（93ページの図15参照）、そこで漁をしても他村の支障にはならない。むしろ、内三久保で立網漁をすれば、他の村の網戸場を通って沖へ出ようとした魚が内三久保に張られた網に遮られて、また三津村や長浜村などの網戸場へ廻っていくこともあり得るので、三津村などにとっても好都合なはずである。

③場所替えの願いが認められなければ、津元も一般の村人たちも暮らしていくことができない。

こうした重須村側の主張に対して、重寺・三津・長浜三か村の津元らは、嘉永七年一一月に再度韮山代官所に書面を差し出したが、そこでの主張点は以下のとおりであった。

①重須村では、災害によって洞網戸での立網漁ができなくなったというが、そのようなことはない。重須村では、ただ洞網戸よりも条件のいい内三久保に場所替えしたいだけである。

②内三久保は「魚溜まり」といって魚群が来やすい場所であり、魚群はそこから各村の網戸場

へ廻っていく。そのため、内三久保で立網漁をされると、そこで魚道が塞がれてしまい、他の村々の網戸場まで魚群が廻っていかなくなるので漁業に悪影響が出る。また、内三久保は重須村と他の村々が共同でイルカ漁などをする場所なので、そこで重須村が常時単独で漁をするのは困る。内三久保での漁が認められれば、重須村一村にとっては利益となろうが、他の村々の漁業は衰微してしまう。

③重須村では、木負村でも場所替えの前例があると言うが、木負村の場合は他村の支障になるような場所替えではなかったので反対しなかった。

④重須村の出願はまったく新規のことであり、これが認められれば、重寺村から江梨村までの村々の津元・網子が皆難渋することになる。

3　安政大地震と漁場復興

漁場、漁具、家屋…が壊滅的被害に

重須村と重寺・三津・長浜三か村とは以上のような主張をぶつけ合ったわけだが、その裁定を求められた韮山代官所は双方が納得するような判断をなかなか示せなかった。そうしたとき、嘉

永七年（一八五四、一一月二七日に安政と改元）一一月四日に、関東地方を大地震が襲った。

地震は一一月四日の午前中に起こり、当地域の村々では、震動による家屋の破損・倒壊に加えて、押し寄せた大津波によって死者・怪我人が出た。食糧も失われ、耕地や網戸場・漁具も大きな被害を受けた。長浜村では、浜辺の網小屋一六軒が、津波によって中の漁具ともども押し流された。

各村ともに、網戸場の被害が大きく、重須村では、与瀬と洞の二か所の網戸場に、地震によって海岸の大岩が崩落し、網戸の海底の地形が変わってしまったため、大網が海底の大岩に引っかかって網を曳くことができなくなった。また、網小屋や中の漁具が押し流され、漁船も破損した。そのため、重須村では、内三久保に網戸場の場所替えをしようとする動きがさらに加速した。

こうした大災害の際には、津元一族など村内の経済的有力者が村人たちに生活資金を融通した。また、領主は村に米・金（かね）を貸与したり、漁業税を減額したりして救済に当たった。こうした官民双方の救済活動によって、村人たちは何とか窮状を凌いでいった。

地震から二日後の一一月六日に、重須村の津元兼名主土屋伊左衛門らは、領主の大久保氏に、同村の被害状況を次のように届け出ている。

恐れながら書付をもって申し上げます

去る一一月四日の朝五つ半時（どき）（午前九時ころ）に突然大地震が起こり、村の民家は大半が潰れてしまいました。間もなく大山のような津波が三度にわたって打ち寄せてきて、民家や土蔵を跡形もなく押し流し、あたり一円が河原のようになりました。

百姓代の三十郎は溺死し、他に二人の死者が出ました。組頭（兼津元）の喜藤治は大怪我をして半死半生のありさまです。名主の土屋伊左衛門は、韮山代官所に呼び出されていて無事でした。伊左衛門の父は大病を患っていましたが、伊左衛門の倅（せがれ）で名主見習いをしている俊助（しゅんすけ）が背負って逃げたため、何とか命は助かりました。

耕地の作物は皆流失し、百姓一同その日の食物にも事欠くありさまです。天地が始まって以来の大災害で、村全体が立ち行かなくなってしまいそうです。こうなっては、御領主様に御縋りするしかありません。どうか、御役人様による実況検分をお願いします。

このとき、土屋伊左衛門の屋敷は津波に襲われて、樹齢数百年と思われる庭の松も根こそぎさらわれて跡形もなく、一面海のようになってしまった。百姓代三十郎の屋敷も同様に押し流され、天保一四年（一八四三）には新規漁業出願の先頭に立った三十郎は津波にさらわれてあえなく命を落とした。このとき、民家四〇軒、土蔵一八か所が津波に流された。また、漁船一三艘が破損し、網小屋も中の網や漁具もろとも失われた。

村から救済を求められた幕府の韮山代官所は以後四年間にわたって漁業税を減額し、領主の大久保氏は救済のための米・金を村に渡した。また、重須村の津元は、幕府代官所や近隣村の富裕者から借金して、村人の救済や復興の資金に充てた。

このとき、長浜村では、津波によって民家四一軒のうち六軒が完全に流され、残る三五軒もその八割方（二八軒）が半壊した。また、物置小屋一九軒が流され、網小屋一六軒も中に入れておいた漁具もろとも海へ流された。そのほか、衣類・諸道具・雑穀・塩・味噌にいたるまで過半が押し流され、日々の食糧にも差し支えるありさまだった。

そのため、長浜村では、領主から米を拝借するとともに、村役人たちが他から借金して、村人たちの家屋の修復費用に充てた。村内の富裕者は、被災した村人たちに救済資金を貸与した。それでも、翌安政二年（一八五五）六月の時点で、村役人たちは、漁具が元通り揃うにはあと一〇年はかかるだろうと言っている。

大地震に遭っても漁場の新設は許されない

地震によって大きな被害を被った重須村では、網戸場の復興が重要な課題となった。そのため、安政二年一月に、津元兼名主土屋伊左衛門が村を代表して、重寺・三津・長浜三か村の領主である旗本津田（つだ）氏に、網戸の場所替えについてあらためて願い出た。そこでは、①海岸べりの大岩が海に崩落したため、洞網戸だけでなく、与瀬網戸まで海底の地形が変わってしまい、網を曳くことができなくなったこと、②重須村の領主大久保氏にこうした困難な状況を訴えたところ、内三久保での操業を許可されたので、海底の岩を撤去するなど内三久保の整備を進めようと思うこと、

③ところが、今度も長浜村など三か村から異議が出されたので、三か村に不当な妨害をしないよう説諭してほしいこと、などが述べられている。

これに対して、同年二月に、重寺・三津・長浜三か村の津元一〇人から、三か村の領主津田氏に返答書が差し出された。そこでは、①地震と津波で被害を受けたのは、重須村だけではないこと、②他の村々では、職人を雇って、網戸場の海底に散乱した岩石や竹・木を浚い上げて、立網漁ができる状態に戻したこと、③重須村でも同様に岩石等を撤去すれば、洞と与瀬で漁業が再開できるはずであること、④重須村の願いを認めれば、新たな場所で立網漁を始める者が続出し、魚の奪い合いの結果村々が共倒れになってしまうこと、⑤重須村の出願は「浦法」を破るもので、他の村々の漁業税上納にも支障が出ること、⑥よって、伊左衛門らに、これまでどおり洞・与瀬の二網戸でのみ操業するよう言い聞かせてほしいこと、などが述べられている。

その後、重須村の津元二人のうち喜藤治は場所替えを断念する方向に傾いたが、もう一人の伊左衛門はあくまで場所替えを実現しようとした。しかし、領主大久保氏の役人が洞網戸を検分したところ、操業不能には見えなかった。そこで、役人は、ひとまずこれまでどおり洞・与瀬の二か所で操業するよう、津元たちを説得した。安政三年五月には、津元二人もそれを受け入れ、場所替えはしないということで最終決着した。このように、結局従来のあり方が維持されたわけだが、嘉永六年以降の訴訟には小海・木負両村は加わっていない。天保年間のときと同様、小海村は自村も網戸場の利用拡大の意向をもっていたため、局外で訴訟の行方を見定めようとし、木負村は訴訟費用の負担を避けたかったのであろう。このように、旧来の秩序（浦法）の維持を目指す側の結集力も低下しているのである。

ここまで、小海・重須両村を取り上げて、従来の固定的・伝統的な漁業秩序が一九世紀には動揺し始めているようすをみてきた。内浦村々の足並みが揃わなくなってきており、小海村や重須村では、津元が網子と協力して、他村の津元と対立している。内浦村々、そして村の中核に位置する津元たちも、一枚岩ではなくなりつつあった。こうして少しずつひびが入り始めた漁業秩序は、明治維新によって一気に大変革を迫られることになった。次章では、本書の締めくくりとして、江戸時代的な漁業体制の終焉を見届けることにしたい。

終章　明治維新における海村の大変革

網子が待遇改善を求め、韮山県に津元を訴える

幕府が倒れて明治政府が成立するという政治体制の大転換は、内浦の村々にも大きな影響を及ぼした。とりわけ、幕府の後ろ盾によって村内での優越的な地位を保障されてきた津元たちにとっては、従来の立場を維持できるかどうかの重大な岐路となった。一方、網子たちにとっては、明治維新は自らの地位を向上させる絶好のチャンスとなった（本章は、祝宮静・和田捷雄・中村只吾各氏の研究に大きく依拠している）。

長浜村では、早くも明治二年（一八六九）に、網子たちが津元に対して、地位向上と待遇改善を求める運動を起こした。韮山県役所（幕府の韮山代官所の後継機関）に、津元たちのことを訴えたのである。それに対して、長浜村の三人の津元たち（四郎左衛門・忠左衛門・平蔵）は、明治二年一〇月に、韮山県役所に反論書を提出した。なお、当時は、四郎左衛門と忠左衛門が一年交替で名主となり、組頭の平蔵とも協力して村運営を主導していた。こうして、津元と網子の全面的な論争が展開することになったが、両者の対立点はどこにあったのだろうか。争点ごとに、両者の主張を比べて聞いてみよう。

①村役人について

網子の主張

近年は不漁が続き、そのうえ米価が高騰して、われわれ（漁師＝網子たち）の生活は苦しくなっています。そうしたなかで、明治二年春に、名主の忠左衛門は漁師たちに、「長浜村では、組頭と百姓代はこれまで無給で務めてきたが、これからは一人につき毎年米一俵ずつの給与を支給することにする」と言ってきました。

けれども、以前から組頭や百姓代には、労働力提供などの村人の負担を、一般の村人たちよりも軽減してきました。それが給与の代わりになっていたのです。ですから、それに加えて給与まで出す必要はないので、忠左衛門の提案を断りました。すると、組頭平蔵と百姓代金左衛門（きんざえもん）が、それなら辞職したいと言い出しました。そこで、二人の後任を決めようとして、四郎左衛門と忠左衛門に掛け合ったところ、彼らから、「網子たちが勝手に後任者を決めることは許さない。もし言いつけに背いたら、漁業はさせない」と言い渡されました。そこで、仕方なく、四郎次方（しろうじかた）と大網舟方（おおあぶかた）の二つの網組（いずれも津元は四郎左衛門）に属する漁師たちは休漁（網子たちの立網漁への参加とりやめ）しています。

長浜村では、四郎左衛門・忠左衛門・平蔵の三人が津元と称して、彼らが名主と組頭を独占しています。これは、当村の悪例（悪しき慣例）ですが、津元の権威によってこの悪例を漁師に押しつけています。彼らが村役人を独占しないと、漁業渡世に何か不都合があるのでしょうか。

現在は、四郎左衛門と忠左衛門が一年交替で名主となって勝手な取り計らいをしており、名主の権威を立網漁にも持ち込んで、漁師たちを困らせています。このまま放置していては、旧弊（旧来の弊習）を改革する機会がありません。

津元の反論

網子たちの主張は、まったく事実に反しています。今年（明治二年）二月に、網子たちが津元たちに、「韮山県から金二〇〇〇両を拝借してほしい」と言ってきました。しかし、理由もなしにそんな多額の拝借はできない旨を、組頭平蔵と百姓代金左衛門から網子たちに伝えました。

すると、それを不快に思った網子たちは、「それなら、金五〇〇両を平蔵と金左衛門から借用したい」と難題を言い掛けてきました。平蔵らは、「そんな大金の手持ちはない。代わりに、われわれが所持する田畑・山・網戸株を借金の担保として提供するので、それを担保にして、網子たち自身で他村の者から借金してほしい」と答えました。すると、何を思ったか、網子たちは、平蔵と金左衛門とは付き合いをしないという態度に出て、結束を固めるために全員連名の誓約書を作成しました。このように、村内の雰囲気が不穏なので、二人が辞職を申し出たしだいです。

このとき、津元四郎左衛門は、自分の網組（四郎次方と大網舟方）に属する網子たち一二人を呼んで、「自分が二〇〇両を貸すので、これで当座をしのいでほしい。追って、韮山県からの拝借金についても考慮しよう。ともかく、網子たちが誓約を結ぶというのは容易ならぬことなので、その仲間には加わらないように」と諭しました。ところが、網子たちは、「今さら、津元から借金などしない」と言って、四郎左衛門の申し出を拒絶しました。こうした網子たちのふるまいは津元を潰そうとするものであり、そこで仕方なく、四郎次方と大網舟方の網子一二人の網船への乗り組みを禁止したのです。

長浜村では、津元はわれわれ三人だけと決まっていますが、村役人の権威を立網漁に利用して、網子たちを困らせたことなどありません。しかし、立網漁を網子任せにしていては、網子が魚を盗み取るなどの問題が起こります。そこで、たとえ村役人を務めなくとも、津元が念入りに網子たちの管理をするのは当然のことです。津元が村役人を務めていることについて、網子たちからいわれのない非難をされるのであれば、われわれ三人は村役人を辞職するしかありません。

②年貢の減免について

網子の主張

昨明治元年は不作だったため、年貢の減免がなされたはずですが、村役人はそのことをわれわれには一切知らせません。そうした村役人の不正直な取り計らいのため、われわれは減免の恩恵が受けられません。

津元の反論

年貢の減免については、減免額が確定した段階で精算するつもりですが、それよりも網子たちが年貢をきちんと納めないことのほうが問題です。

③分一役の請負について

網子の主張

分一役の請負については、長浜村単独での村請になるように、数年来村役人に頼んできましたが、三津村の者が長浜村の分一役もあわせて請け負っているため、どうにもならないとの返答でした。ところが、今般聞いたところでは、実は長浜村単独の村請になっていて、名主忠左衛門が請負人だということです。いったい、どうなっているのでしょうか。

津元の反論

網子の主張のように、名主忠左衛門が請負人となって村請しているなどということは絶対にありません。三津村の伝左衛門（でんざえもん）が重寺・三津・長浜三か村の請負人を一手に命じられたとき、忠左衛門が重寺村の名主とともに伝左衛門の保証人になりました。その後も、忠左衛門は、幕府への提出書類を伝左衛門と連名で出したり、伝左衛門から幕府への分一上納金を伝左衛門の代理で納めたりしてきました。そのため、網子たちは、忠左衛門も伝左衛門と同じく請負人であると考えて、疑惑を抱いているのでしょう。

④漁網の補修費について

網子の主張

漁師たちは、毎年漁網の修理に使う大量の縄を津元に納めて、津元から定額の縄代金を受け取ってきました。近年は物価が高騰しており、世間では縄代も高値になっていますが、われわれが津元から受け取る縄代金は以前のままです。これは、津元の私欲・非道の取り計らい方というべきです。このように、津元は万事において、勝手で不誠実な対応をするので、漁師たちはたいへん難渋しています。

津元の反論

網子たちは、以前は定額の縄代金を受け取って十分得をしてきました。確かに近年は物価が高騰していますが、網子たちが言うほどのことはありません。それでも、網子が不満だと言うなら、これから縄は網子に頼まず、津元のほうで用意します。

⑤漁獲額の配分方法について

網子の主張

津元たちは、これまで漁獲額のうちから、「津元一割」という名目の経費を受け取ってきました。この「津元一割」は、大漁の際に、津元が漁師一同を招いて「沖揚り（おきあがり）」と呼ばれるご馳走をするので、その費用に充てるのだということになっていました。しかし、それならば以後は「沖揚り」を止める代わりに、「津元一割」は津元に渡さないことにしたいと思います。

津元の反論

「津元一割」については、津元家の先祖が網戸場を開発して立網漁を始めたので、その功績に対して「津元一割」を受け取っているのであり、「沖揚り」の費用ではありません。

⑥獲れた魚の売買について

網子の主張

近年、漁師（網子）たちは、立網漁のほかに、手網漁と称する小規模な漁をしています。手網漁や立網漁で魚が獲れたときには、津元に知らせて、津元立会いのうえで漁獲高を改めてから、魚の売買をしています。ところが、津元が来るのが遅れても、津元は先に漁師だけで魚を水揚げすることを許してくれません。これは、津元の権威を笠に着て、漁師たちを軽くみている証拠であり、納得できません。

後からどんどん魚群が来るようなときは、先に獲った魚を水揚げしなければ、次の漁ができません。そのことを津元に言っても、津元は「たとえ後から来る魚を獲り損なったとしても、先に獲った魚を自分が見届けないうちは、次の漁をしてはいけない」などと、勝手なことばかり言います。それでは、少しの漁業収益を分け合っている漁師たちは、ますます利益が減ってしまい、暮らしていけません。よって、これからは漁獲高の七割を漁師たちが受け取ることにしたいと思います。

津元の反論

津元たちは、漁のときには何を差し置いても立ち会って、漁獲高を改めてきました。もし津元が出かけるのが遅れれば、網子たちは勝手に魚を水揚げして盗み取ってしまいます。津元が厳しく取り締まっても、網子が多人数のため目が行き届かず、どうしても盗み取られてしまうのが実情です。そうでなくても、これまで網子には過分の分配をしているので、今回さらに網子の取り分を増やすのは困難です。

漁獲額の分配方法などは、津元と網子の間の取り決めとして、これまで数百年来変わらずに続いてきたものです。それを、今にわかに難題を言い掛けてくるのは、今年の春以来、漁獲代金のうち七〇〇両余を、網子の代表の七平(しちへい)らが使い込んでしまい、それを弁済することができないからです。そこで、津元を取り潰して、七〇〇両余の弁済をうやむやにしようというのです。どうか、網子たちが早く七〇〇両を差し出し、先祖の代から数百年来続く仕来りを守るよう命じてください。

⑦網子の網船への乗組みについて

網子の主張

漁師の網船への乗組みの可否については、津元が決めるものではなく、かといって漁師たちが勝手に決めるのでもありません。老齢などで漁師の仕事が難しくなった者への対応(退職勧告など)については、漁師たちのリーダー(ヘラトリ)を中心に、漁師一同が相談のうえで判断するという、ちゃんとした決まりがあります。それなのに、津元が、自分たちで自由に乗組みの可否を決められると言っているのは偽りです。よって、今般、津元が一存で網子の乗船を差し止めたのはおかしいと思います（ここでは、争点①にある、津元四郎左衛門が自身の網組の網子の乗船を差し止めたことが問題にされている）。

津元の反論

江戸時代の初め以来、網子の乗組みの可否については津元が差配してきました。津元と網子には、村内においてはっきりとした区別があり、それに基づいて、津元が網子の乗組みを差配することで取締りが行き届いてきたのです。もし網子たちが同輩の乗組みの可否を自分たちで決めていたら、混乱が起きていたでしょう。

網子と津元の争いのポイント

以上、津元と網子の対立点ごとに、両者の主張を紹介した。長浜村では、第三章で述べたように、一七世紀においてはたびたび村内で対立が生じていた。しかし、第四・五章で一八・一九世紀におけるさまざまな争いをみてきたが、そのなかで長浜村は他村と争うことはあっても、村内での争いはみられなかった。このように、一八世紀以降、津元と網子の間に目に見える対立が起きることのなかった長浜村において、幕府崩壊から間もない明治二年に、早くも網子たちによる津元批判が巻き起こったことに注目したい。これは、幕府が倒れる前から、表面上は平穏にみえても、村内で網子たちの不満が徐々に蓄積されてきており、それが津元の後ろ盾となってきた幕府の崩壊によって一挙に噴出したことを物語っていよう。

網子たちは、韮山県への訴えのなかで、自分たちを漁師（「漁士」とも）といっており、江戸時代以来の網子という呼称を用いていない。自分たちは、もはや津元に従属する網子ではないという意志表示である。また、津元に対しては、「津元と称して」という言い方をしており（たとえば255ページ）、それは津元の地位とそれに付随する特権をそのままのかたちでは、もはや容認するつもりがないことを示していよう。だからこそ、津元側は、網子たちが津元を取り潰そうとしていると感じて危機感を強めているのである。

これは、もはや津元と網子という互いの立場の違いを前提としたうえでの争いではなく、網子が両者の関係性を根本から問い直そうとするものであった。数百年来の仕来りだから、それを継続すべきだという津元に対して、幕府が倒れた今こそ、年来の旧弊を改革すべきだというのが網子の主張だった。これまで特権的地位を維持してきた津元はそれを守ろうとし、従来弱い立場にあった網子は地位向上と待遇改善を要求したのである。

また、争いのなかで、津元と対立した四郎次方と大網舟方の網子たちが立網漁への参加を取り止めている（255ページ参照）ことも重大である。それについて、網子側は、津元たちが組頭と百姓代の後任者選定に網子を関与させないことがそもそもの問題だと言い、津元側は反抗的な網子への制裁として立網漁への参加を禁止したのだと主張しており、両者はまったく異なる主張をしているが（255ページの争点①を参照）、いずれにしても一時は二つの網組において、長浜村の基幹的漁業である立網漁ができない事態になったのであり、これも争いの深刻さを示している。ただし、仲裁者が双方の間を取りもった結果、明治二年一一月には立網漁が再開されることになった。

しかし、その後も、津元と網子の論争は続いた。そのなかで特に重要だと思われる論点は、「津元一割」をめぐるものである。網子側は、前述したように、「津元一割」は「沖揚り」と呼ばれる振舞いの費用として津元に渡しているのだと主張している（これは「水引」「十五引」＝必要経費の内に含まれる）。そして、そこからさらに進んで、「漁師たちも漁業税としての浮役を津元とともに負担しているのだから、網戸場は漁師一同のものに違いない。だから、『津元一割』の廃止など漁獲額の分配方法の改善について、自分たちにも発言権があるのだ」と主張するに至った。

これに対して、津元側は、「津元一割」は網戸場開拓の功績によって津元に認められた既得権であると反論している。それに加えて、「網子は自分たちも浮役を納めていると主張しているが、彼らが納めているのは夫銭（ぶせん）（幕府への労力奉仕の代わりに納める金銭、実際は米で納める）であって、浮役ではない。したがって、網子は漁業税を納めておらず、彼らに網戸場に対する発言権はない」と主張した。この「網戸場の権利は誰にあるのか」という点は、すべての争点の基礎となるきわめて重要な論点である。

また、争点⑦の、網子の網船への乗組みの可否は誰が決めるのかという点も、津元と網子の地位と両者の相互関係に関わる重要な問題である。それに加えて、③の分一役をめぐる争点も興味深い。三津村の請負人が、長浜村を含む三か村の分一役を一手に請け負っていたのか、それとも長浜村には独自の請負人がいたのかという問題である。第四章でみたように、文化一四年（一八一七）以降、重寺・三津・長浜三か村の分一役は村請になっていた。それについては、津元と網子の認識は一致していたが、それが三か村一括の請負なのか、村ごとに個別の請負なのかという点で、認識が食い違っていたのである。津元は前者の認識に立ち、だから請負人は三か村に一人だけだと理解しているのに対して、網子は後者の認識に立ち、だから長浜村にも独自の請負人がいると理解した。そして、網子は、その事実をこれまで津元が隠蔽していたと非難している。請負人をめぐって、網子と津元の理解が齟齬しているのである。

以上述べたように、この争いでは江戸時代以来の漁業制度の根本に関わる諸問題が争点となっており、その意味で画期的なものだった。しかし、江戸時代の訴訟では、すべての争点について明確に白黒を付けることなく、曖昧なかたちで落としどころをみつけて和解するというケースが多くみられた。そして、明治になっても、その傾向はすぐには変わらなかった。この争いの場合もご多分に漏れず、せっかく本質的な論点がいくつも出されながら、それらについてはっきりとした決着が付けられることなく、津元・網子間の漁獲額の分配比率を若干修正することによって終結をみた。すなわち、明治四年三月に、網子への分配比率を若干増やすことで合意が成立したのである。

先述した、網子も浮役を負担しているかどうかという論点に関しては、歴史的にみれば、江戸時代において、網子の負担する夫銭は浮役の一部に含まれており、したがって網子は夫銭を負担することによって浮役の一部を負担していたといえる。つまり、網子の主張が正しかったのである。網子がその点を強く主張すれば、あるいは網子の網戸場に関する発言権が大いに強まるところまで事態が進んだかもしれない。しかし、網子たちは、それをとことん主張することはなく、この問題の解決はその後に持ち越されることになった。

海面官有化と、津元たちの「海面拝借願い」

その後、事態が急展開したのは明治八年（一八七五）のことである。この年二月二〇日に、明治政府から一通の布告が出された。そこには、「従来、雑税と称して徴収してきたものは、旧来の慣行によって各地でまちまちであり、負担の有無や軽重も一律ではないため、そうした雑税は本年一月一日をもって廃止する」と記されていた。地域によって不公平・不統一がある雑税は、今回一律に廃止するというのである。江戸時代に、全国各地で、各領主から領主ごとの基準によって、年貢以外に賦課されていたさまざまな負担（山野河海の利用税、商工業利潤への課税など）を一括して雑税と総称し、それらを一挙に廃止したのである。これは、全国に統一的な政治体制・税制を確立しようとする明治政府の政策の一環であった。

内浦の村々が納めていた浮役も雑税の一種と認定されたため、このとき廃止されることになった。この雑税廃止は漁師たちにとって負担の軽減ではあったが、明治二年以降の争いでは津元も網子も浮役の負担を根拠に網戸場に対する発言権を主張していたわけだから、浮役が廃止されることは両者ともに主張の根拠が失われるということであり、津元と網子の双方にとって青天の霹靂であった。網戸場に対する権利を、何を根拠に主張したらよいのか、わからなくなってしまったのである。

さらに追い打ちをかけるように、同年一二月一九日に、もう一通の布告が発せられた。そこには、「従来、人民において、漁業等のために海面の一定区画を利用してきた者もあるが、海面はもとより官有であり、本年二月二〇日の布告（雑税廃止の布告）以降は彼らに利用権はない。これまでどおり利用したい者は、海面の借用をその管轄庁に願い出よ」と記されていた。

ここに、海面は官有だと宣言され、人民の所有は否定された。津元にせよ網子にせよ、もはや従来のような網戸場の占有利用権を主張することはできなくなったのである。二月二〇日の布告に追い打ちをかける衝撃的な内容だった。それでも、漁師たちは生きるためには漁業を続けるしかない。そのためには、布告にもあるとおり、管轄庁に海面の借用を申請する必要がある。従来の占有利用権が否定されても、借用が認められればそこを今までどおり占有して漁業ができる。そこで、今度は、借用申請をめぐって、さまざまな動向が展開することになった。

長浜村の場合を、具体的にみてみよう。同村では、津元と網子の双方がともに海面の借用を出願した。津元は従来の既得権を維持しようとし、網子はこの機に網戸の占有利用権を自分たちが獲得しようとした。明治九年四月に、大川四郎左衛門ら三人の津元が、当時当地を管轄していた足柄県に提出した「海面拝借願い」には、次のように記されていた。

私ども（三人の津元）は、先祖の代から、丹精を込めて海底を開拓し、莫大な経費をかけて網戸場を整備し、漁具の修理もして漁業を営んできました。網戸場の起源がどこまで遡るかわかりませんが、戦国大名北条氏が支配していたときから今日に至るまで数百年の長きにわたって、私どもは津元を続けてきました。

そして、網戸場については田畑と同様に質入れや売買をしてきました。その証拠に、江戸時代初期の幕府の御代官様から大川四郎左衛門の先祖に宛てた文書のなかに「其元（そこもと）の網戸」という記載があります。ですから、網戸場は田畑と同様に津元のものだと思っていました。

ところが、明治八年二月と一二月の御布告を見て、私ども一同驚愕しました。これらの御布告によって、私どもが祖先以来尽力して漁業を営み、多額の費用をかけて田畑同様に所有してきた網戸場を、他の者が借用することになっては、私どもは生活の途を失うことになり、何とも嘆かわしく存じます。そこで、網戸場が私どものものであることを示す証拠書類をぜひ御調べください。もちろん税金は上納しますので、どうか私どもが海面を末永く借用することをお認めくださるよう懇願いたします。

このように、津元たちは、戦国時代以来の網戸場との深い結びつきを強調して、海面借用を申請した。明治政府の急激な改革方針を目の当たりにして、津元たちは危機感を深めていた。こうして明治八年あたりまでは網子たちに追い風が吹いているようにみえたが、明治九年には、明治政府は、急激な改革によって社会に混乱が生じていることを省みて（長浜村での網戸をめぐる対立もその一例）、早くも改革にブレーキをかけ、旧来の慣行に配慮する方向に政策転換しつつあった。旧来の慣行の維持・継続を主張する津元の側に、再び流れが傾いたのである。

政府の方針転換を受けて、静岡県（明治九年四月に当地は静岡県の管轄となった）は、明治九年六月六日に、三人の津元たちの願いを認めて、面積約五〇町（一町は約一ヘクタール）の海面を、前年にさかのぼって明治八年から同一七年までの一〇年間貸渡すことにした。津元の出願が認められたのである。網子たちも、明治九年一月に海面の借用を申請していたが、こちらは却下されてしまった。そして、網子ではなく、津元に海面の借用が認められたのは、内浦の他の村も同じだった。

内浦五か村の網子が静岡県に猛抗議

しかし、長浜村の網子たちは、この静岡県の決定には承服できなかった。それは、他の内浦村々の網子たちも同様だった。そこで、明治九年六月二四日に、重寺・小海・三津・長浜・木負五か村の網子たち二九〇人が連名で、静岡県令（県令とは県知事のこと）に対して、次のような願書を提出した。

五か村の小前（網子のこと）一同が申し上げます。私どもの村は人口に比して耕地が少ないため、もっぱら漁業や海藻採取によって暮らしを立ててきました。そして、明治八年一二月の御布告（海面官有の布告）を受けて、本年（明治九年）一月に、海面の借用を出願しました。ところが、本年六月六日（津元の出願が認められた日）に、私どもの出願は却下されてしまいました。しかし、それには承服できません。

これまで津元と称する者たちは、海面の占有利用権を主張してきました。彼らは、一般の人民（網子のこと）が寒暑のなかでも漁業に勉励しているのをただ見ているだけで、過当の利益を得ています。それに対して、私どもは下僕のように扱われ、さまざまな束縛を受けて、たいへん遺憾に思いながら月日を送ってきました。

そうしたときに明治八年一二月の御布告を承り、ついに「一村共和営業」（津元を含む漁師全員が対等の立場で漁業を営むこと）の時が来たと思って、喜びに堪えませんでした。今こそ旧来の悪習から脱却して、各村が「共和営業」を行なえば、小前全員が平等に利益を得ることができます。

各村の地先の海（前海）は、旧津元のみが占有利用すべき場所ではありません。それなのに、今般、静岡県が、村内における支障の有無を問うことなく、各村に三、四人ずつしかいない旧津元に海面の借用を認めたことは納得できません。今回、県が借用を認めた漁場は、わずかの人員で漁ができるような場所ではなく、私どもの存在が不可欠です。また、私どもが食糧にする米・麦は、よその港から船で運んでいますが、海面を旧津元が占有利用するようになれば、その海上輸送にも支障が出てきます。

　これでは、私どもは以前のように旧津元に束縛されることになり、旧津元の海面占有利用権も復活してしまいます。一方、一般の人民は自由の権利を失い、食糧の輸送を妨げられてたいへん困ります。ですから、海面はあらためて各村の小前一同に貸し渡すことにして、納税と引き換えに自由な操業を許可してくださるようお願いします。そうしていただければ、村吏（戸長・副戸長などの明治期の村役人。戸長は江戸時代の名主、のちの村長に当たる）を代表者にして、漁業に不取締りがないよう、せいぜい注意いたします。

この願書の末尾には、重寺村を除く四か村の戸長・副戸長が連署している。村吏たちの多くも、この時点では網子たちと共同歩調をとっているのである。長浜村では津元以外の者が戸長・副戸長になっており、津元による村運営主導体制はすでに崩れていた。そこに、村内における政治的力関係の変化が表れている。

しかし、静岡県は、網子たちがほしいままに自由の権利などを主張するのは心得違いであるとの立場に立って、明治九年九月九日に網子たちの願いを却下した。江戸時代と同様に、網子は津元に従えという姿勢である。

それでも五か村の網子たちはあきらめず、代表を東京に送って、政府に訴えるなどの運動を続けた。しかし、大幅な改革を認めないという政府の方針に変わりはなかったため、明治一一年に至って、五か村の網子たちの訴えは功を奏さないまま終息することになった。運動には多額の経費がかかり、けっして豊かではない網子たちにはそれが重い負担となった。さらに、先行きに希望が見えにくかったこともあって、五か村の網子が連合しての運動は終わりを告げたのである。

津元と網子の「共同での海面借用」が認められる

しかし、網子たちは、その後も各村において粘り強く運動を継続していった。長浜村では、津元と網子の交渉が続けられた結果、明治一三年一二月二五日に至って両者の合意が成立し、津元三人と漁師（網子）三〇人との間で、合意内容を記した「熟談約定書（じゅくだんやくじょうしょ）」が結ばれた。その内容のうち重要部分を要約して以下に示そう。

明治八年一二月の海面官有の御布告を受けて、長浜村では、津元三名とそれ以外の一村人民（漁師たち）との双方が村の地先海面の拝借を出願した。結果として、津元三名に許可が下り、漁師（網子）たちが望んだ一村共同拝借は認められなかった。それでも、漁師たちは一致協力して、これまで自分たちも浮役を上納してきたことを根拠に、静岡県に対して、海面は漁師一同が共同で拝借すべきものだと訴えた。そこへ、近村の四人の者が仲裁に入って協議した結果、以下の内容で津元と漁師の間で合意に達した（各箇条冒頭の丸番号は著者が付けたもの)。

①一、明治一七年までは、大川四郎左衛門ら三名の津元がこのまま海面を拝借し続ける。ただし、明治一八年以降は、大川四郎左衛門ら三名と漁師たちが共同で海面拝借を出願することとする。

②一、漁獲額の分配方法を、以下のように改める。浜に引き揚げて捕獲した魚の場合は、代金一〇〇円につき、大川四郎左衛門ら津元三名および津元以外の網戸持の取り分をこれまでより五円減らして二七円五一銭三厘四毛とし、漁獲額から控除する諸経費と漁師三〇人の取り分はこれまでより五円増やして合計七一円六五銭六厘三毛とする。また、別に八三銭三毛を積立金とする。積立金は、臨時の出金が必要なときに、大川四郎左衛門ら三名と漁師三〇人が協議して使途を決める(この時点で、貨幣の単位は円・銭・厘・毛に変わっている。一円=一〇〇銭、一銭=一〇厘、一厘=一〇毛)。

浜ではなく、漁船に引き揚げて捕獲した魚の場合は、大川四郎左衛門ら三名および津元以外の網戸持の取り分を二八円四五銭四厘九毛とし(これまでより五円の減)、諸経費と漁師三〇人の取り分を合計で七〇円七二銭七厘二毛(これまでより五円の増)、積立金を八一銭七厘九毛とする。

③一、これまで大川四郎左衛門ら三名は、大漁のときに漁師たちに振る舞う酒食の費用などという名目で、漁獲額のうちから一定割合を受け取ってきた。この分について、漁師たちは

減額を主張し、大川四郎左衛門らはそれを拒否してきた。この点について仲裁者を交えて話し合った結果、以後は振舞いの飲食を止め、その代わりに大川四郎左衛門ら三名の取り分のなかから、飲食費として金一〇〇円につき三円の割合で漁師三〇人に金を渡すことにする。

④一、前の箇条にある、大川四郎左衛門ら三名から飲食費として差し出す金は、漁師三〇人の共有金として積み立て、凶作等の非常時に備えるものとする。

この「熟談約定書」は、明治一四年二月三日に、静岡県令の承認を得て正式の効力をもつことになった。この「熟談約定書」でもっとも重要な点は、①にあるとおり、明治一八年以降は、大川四郎左衛門ら津元三名と網子たちが共同で海面拝借を出願するとしたことである。ここに、網戸場は津元だけのものではなく、津元と網子がともに網戸場の占有利用権を有することがはっきりしたのである。

ただし、②にあるように、津元と網戸持の取り分はそれまでより減ったとはいえ、網子は三〇人もいるから、依然として津元一人の取り分が網子一人のそれよりかなり多いことに変わりはない。漁獲額の分配方法については、江戸時代のあり方が根本的に変わったとまではいえなかった。

また、③の酒食代とは、以前から問題になっていた「津元一割」のことであり（260ページの争点⑤を参照）、それが網子の要求どおり廃止されたのである。以後、津元は「津元一割」という得分を失い、さらに網子たちに飲食費を渡すことになった。これは、大きな変化である。

さらに、「熟談約定書」中では、津元という呼称の使用がなるべく避けられるとともに、網子については「漁師」と表記されている。ここにも、江戸時代以来の津元と網子の上下関係を清算しようという姿勢が感じられる。もちろん、これは網子たちの感情に即した表現である。

津元の最有力者、大川四郎左衛門の反撃

こうした網子に有利な方向への漁業制度の改変に対して、長浜村の津元のなかでも最有力者だった大川四郎左衛門が反撃に出た。「熟談約定書」にあるとおり、明治一八年以降、海面は津元三人と網子三〇人の計三三人が、皆対等の立場で共同借用することになり、津元の網戸場に関する優越的な権利は否定された。津元も、網子と対等の立場で漁に参加することになったのである。

これに納得できない大川四郎左衛門は、明治一八年七月に、七人の同調者とともに独自の網組を編成して、三〇人の網子たちとは別個に立網漁の操業を開始しようとした。自身が津元として漁を主導するという、江戸時代以来の操業形態を継続しようとしたのである。当然、三〇人の網子たちはこれに反発し、両者は裁判で争うことになった。このとき、他の二人の津元は網子たちに同調した。大川四郎左衛門は、他の津元たちからも孤立したのである。

裁判所の判決は、明治一九年一二月一日に出された。そこでは、大川四郎左衛門が組織した新網組の操業が認められた。これで、大川四郎左衛門の既得権は回復したかにみえたが、裁判では

勝っても、村内で完全に孤立してしまった以上、独自の操業を順調に続けることは困難だった。村人たちから総スカンを食ったため、大川四郎左衛門の反撃は結局成功しなかったのである。

ここで、以上みてきた明治維新期の動向について、大川四郎左衛門自身に語ってもらおう。第一章で紹介したように、彼は内浦を訪れた渋沢敬三に当地の漁業についてもろもろ語っているが、そのなかで次のように述べている。

御一新（明治維新）前後からは、世の騒がしいのにつれて、網子が段々津元の言う事を聞かなくなってきました。そのうえ、明治になってから、政府では海は公のもので、道路や空気と同じだというような議論が出て、ついに海面を取り上げられることになりました。何しろ、昔から大層な勢力で、大瀬崎（おせざき）から清水港を見通した線から奥は皆、自分の海だ、くらいに考えていたのですから、この達しには一同驚いて大変な騒ぎになりました。ようやくのことで、すぐ取り上げられることが止まった代わりに、一〇年間海面借用という形式で、その権利は延びましたが、それから後は津元の勢力もめっきり弱りました。

私は、明治八年にカソリックに入りましたが、それでも今まで顎で使っていた網子に馬鹿にされてくるのが、口惜しくてたまりませんでした。そこで、明治十何年か頃（明治一八年）に長浜の三〇軒の網子の外にいた人々を糾合して、独自の網組を作り、一時県庁から許可を得て漁業をやってみましたが、多勢に無勢、とうとう負けてしまいました。

津元の廃止

海面借用をめぐる津元と網子の対立は、明治一二年以降は村ごとに争われた。長浜村についてはここまで述べてきたとおりだが、他の村ではどのような経過をたどっただろうか。重寺村の場合をみてみよう。

重寺村の網子たちは、津元側に海面借用を許可した静岡県の措置を不服として裁判に訴えた。しかし、結果は網子側の敗訴となり、網子たちには借金で賄った訴訟費用の返済が重い負担としてのしかかった。

しかし、網子たちはその後も改革姿勢をもち続けた。明治一六年には、網子たちが獲った魚を津元に渡さず、直接商人に売ってしまったため、津元から裁判所に訴えられた。裁判のなかで、網子たちは、「津元は漁業税納税の世話人に過ぎない。津元が海面を借用したからといって、漁民一般と異なる特別な義務を果たすのでないかぎり、権利においても一般の漁民と異なるところはない。また、漁具は津元と漁師の共有物である」などと主張した。ただ、この裁判の結果は残念ながらはっきりしない。

その後、明治一八年に、重寺村の網子たち六十数人が、二人の津元から、津元所有の漁具、網(あみ)干場(ほしば)(網を干す海沿いの土地)、網小屋とその敷地などを買い取っている。ここに、津元の財産の一部が網子たちの手に渡ることになったのである。

三津村では、明治一八年以降、網子も津元とともに海面拝借人に名を連ねることになった。これは、長浜村と同様の変化であり、網子の権利の伸張である。

このように、村ごとに違いはあったが、総じて網子の権利は伸張していった。明治維新は、海村の漁業のあり方を大きく変える契機になったのである。

最後に、西浦の江梨村の動向をみよう。同村では、漁業収益の分配については、津元と網子の争いを経て、宝暦三年（一七五三）以来、幕府代官の定めたところに従ってきたが（212～213ページ参照）、明治六年（一八七三）になって、網子一同は、これまでどおりの漁業収益の分配方法では網子の暮らしが成り立たないとして、津元に次のような改革要求を出した。

①これまでは、津元と網子が、それぞれ漁の純益を別個に受け取ってきた。しかし、以後は純益を一括して取り扱い、それを津元・網子の別なく全員平等に分配する。

②津元を廃止して、津元の役割に相当する役職として帳元（ちょうもと）（漁業関係帳簿を作成・管理する元締めの意）を置く。

③漁におけるさまざまな役職（帳元・船頭など）は、これからは、網子たちが交替で順番に務めることにして、役職に就いた者には役職手当を出す。

以上が、網子側の要求内容である。①について説明しよう。宝暦三年の規定によって、漁業の純益はまず津元と網子の間で二等分され、さらに津元・網子それぞれの内部で分配されることになった。たとえば、漁獲額を金一〇〇両とした場合には、そこから漁業税や諸経費（漁具の損料や漁師以外の漁業補助者の賃金など）計六五両余を引いた残りの純益を、津元と網子で一七両余ずつ受け取ったのである。宝暦三年の規定によって網子の取り分は大幅に増えたのだが、それでも津元と網子の人数差によって、一人当たりの受取額は津元のほうが断然多かった。一八世紀中頃には、津元は四人、網子は四八人いたので、津元と網子で純益を折半しても、結局一人当たりの受取額は津元のほうがはるかに多くなる。そのため、網子たちの不満は完全には解消されなかった。文化一四年（一八一七）には、網子側がこの格差を撤廃して、一時津元・網子の別なく純益の均等割りを行なったが、それも津元の反発によってすぐに元に戻されてしまった（以上の経緯については213ページ以降を参照）。この文化一四年の要求が、明治六年にあらためて提起されたのである。

そして、何よりも画期的なのは、津元の廃止要求である（②）。江戸時代を通じて、津元は村内の四家が代々世襲してきたが、それを止めて、代わりに帳元役を新設し、それは網子たちが交替で務めるというのである（③）。

以上の要求を示されて、津元はもちろん不本意だったが、結局すべての要求を受け入れ、明治六年（一八七三）四月には津元と網子の間で合意書が取り交わされた。ここに、江戸時代を通じて続いてきた津元制度は廃止され、漁業は村全体の共同経営へと移行した。そして、二組の網組にそれぞれ二人ずつ、計四人の帳元が置かれて、一年交替で職務に当たることになった。また、以後は純益から役職手当を出し、その残額を旧津元・網子の別なく均等に分けることとされた。

このとき、津元四人への補償金として四〇〇円、津元たちが所有していた網船を村が購入する代金として二〇〇円、計六〇〇円を、網子たちから津元に渡している。

こうした明治六年の大変革をもたらす前提要因は、実はすでに江戸時代のうちに生み出されていた。212ページで述べたように、江梨村では、津元と網子の争いを経て、宝暦二年の幕府代官の裁許によって、網戸場は村全体の共有とされた。また、文化一四年には、一時的ではあれ、津元・網子間で純益の均等割りが実施されたこともあった。このように、津元と網子の格差が江戸時代を通じてしだいに縮まっていったという経緯があったところに、幕府の倒壊が加わって、江梨村の漁業体制に一大変革が生じたのである。

海の男たちの三〇〇年史を振り返る

ここで、第三章以降で述べてきた歴史的変化の過程をまとめておこう。

戦国時代には、すでに江戸時代と共通する、立網漁を基軸とする漁業のあり方が成立していた。しかし、一七世紀半ばから後半にかけては、長期にわたって不漁が続いたため、長浜村では、網子のなかに立網漁の網組を離れて、釣漁やイワシ網漁に力を入れる者が現れた。そのため、津元と網子の対立が生じたが、浮役の減免実現に加えて、漁況も回復したため、一七世紀末には、津元と網子が津元主導のもとで立網漁を営みつつ、立網漁に抵触しない範囲で、網子も独自に釣漁を行なう体制が確立した。一七世紀は、こうした江戸時代的な漁業のあり方が確立していった時期だといえる。

一八世紀になると、大都市の町人が分一役の請負を幕府に願い出る動きが現われた。町人は、漁師たちの利益に食い込むかたちで、自らの利益をあげようとしたから、漁師たちとの対立は不可避だった。漁師たちは分一役の滞納などの手段で抵抗し、一九世紀前半には分一役の定額村請を実現した。町人の排除は漁師たちの勝利だったが、今度は村請の主体である津元たちと網子たちとの間に対立の火種が生じることになった。

一八世紀には、村々の間で、共存のための漁業のルール作りが進んだ。日本は周囲を海に囲まれた海洋国家だが、江戸時代の手漕ぎの船では遠洋まで漕ぎ出すことは難しく、近海での操業に限られたため、利用できる漁場の範囲にはおのずから制約があった。好き勝手な操業は他の漁師たちとの衝突を招くため、漁師たちは限られた海面を、一定のルールのもとで利用していた。村の前面の沿海はその村の領海であり、沖合では村々が入り交じって操業するという形態が全国で広くみられ、当地域でもそうであった。

しかし、自村の領海だけを守っていればいいわけではなかった。内浦の立網漁は、魚群の来遊を待って捕獲する「待ちの漁業」だったため、魚群が内浦湾に来る前に他の村によって大量に捕獲されてしまっては漁が成り立たない。そこで、周辺村々の漁業の動向には常に注意を払い、従来とは異なる新規の漁法などを見つけると、訴訟に訴えてでもそれを阻止しようとした。村々は争いを通じて、「浦法」「浦例」などと呼ばれる共通のルールを作り上げていったのである。しかし、それでも一九世紀以降も村々の争いがなくなることはなかった。

　また、一八世紀には、江梨村において、網子が津元を批判して裁判で争い、その結果、網戸が津元と網子の共同所有になったことも見逃せない。これは、明治維新期に長浜村など他の村々でみられた動向を先取りするものであった。

　一九世紀前半には、内浦の村々の間で、津元たちの足並みが乱れ始めた。小海村や重須村で、津元が網子と一体となって網戸の再興や場所替えを実現しようとして、他村の津元たちと争ったのである。小海村や重須村の津元は、網子とは隔絶した地位の保持者から、網子と協力して漁業の振興を図る存在へと性格を変えつつあった。これは、一八世紀の江梨村での動向とも通底する動きであった。一七世紀末に確立した江戸時代的なあり方に亀裂が入り、しだいにそれが拡大しつつあったのである。

　その亀裂は、江戸幕府の倒壊によって一気に拡大した。依然として津元の立場が断然強かった長浜村などで、網子たちが、漁業収益の分配方法変更と待遇改善・権利伸張を求めて、津元に対して公然と声をあげだしたのである。網子たちは、明治政府が旧慣尊重・現状維持へと姿勢を変えたあとも運動を続け、長浜村などではついに津元制の廃止を実現した。ここに、立網漁の主導者、村の支配者としての津元は、その歴史的役割を終えたのである。以後、津元主導の立網漁は、しだいに歴史語りの対象となっていく。

渋沢敬三の述懐

以上みたような明治維新期の大変革を経たあとの当地域は、さらにどのように変わっていっただろうか。当地域の古文書の発見者渋沢敬三は、自身が若かった明治三九年（一九〇六）から大正九年（一九二〇）ころと比べて、昭和一二年（一九三七）ころの静浦の海の変わりようを痛感していた。その彼の述懐を記して、本書を閉じることにしよう。

あの時分から見ると、同じ海でも、その内容は確かに変化して淋しくなったようだ。前述の鯨子（くじらこ）（クジラに付いてくるマグロ・カツオなどの魚）のうち、鰹は以前からとんと姿を見せないし、鮪すら近年はとみに少なくなったようだ。（中略）

現今は昔日（せきじつ）ほど魚が第一来なくなったようである。（中略）あの当時の淡島（あわしま）の自然界も今から見るとずっと賑やかであった。舟でゆらゆら岸に近付くと蟬が降るように鳴き、鷹が小鳥を追うのも見た。ムジナが夕方海岸に出る話も聞いた。カサゴでも釣ると、よくあの辺でジャウナギというウツボがかかった。少し沖でこのウツボのウケ（魚を獲るための罠）を引き上げる舟をちょいちょい見かけたし、手繰網（てぐりあみ）がそこここで悠長に網を曳いていた。イトヒキアジやアマダイやキス等が網を揚げるたびに光って見えた。

海水は清澄で、岸に近付くとムラサキウニが無数に居を構え、ウミウシが無言で這いまわり、石の間にボンケイやウミキンギョやスズメダイが際立った色取りを見せていた。舟の間近にクラゲが何の屈託なげに海面へ浮かび上がると、これはまたサヨリやヨウジウオが忙しそうに泳いで行く。

ところが、淡島もあの綺麗な錦蔦（にしきづた）の這った扇岩（おうぎいわ）（淡島にある岩場）も人手に壊され、今はもうウツボは元よりカサゴすら数少なく、そのウツボのウケ等は全く見られなくなった。手繰網の舟も、もうほとんど見受けない。ボンケイすらイナダの餌に捕りつくされようとしている。思いなしか、淡島の松の色も昔ほどの冴えがなく、海水こそ満々としているが、およその内容は貧弱になってしまった。はるかに昔のほうが、海が生き生きしていたと思う。

彼の述懐にあるように、二〇世紀に入るころから、マグロやカツオの来遊はめっきり減ってしまった。マグロ・カツオなどの大型回遊魚の来遊は明治後半から減少の一途をたどり、明治四〇年（一九〇七）、大正三年（一九一四）、大正八年に大漁があったくらいで、以降大漁と呼ばれる漁獲はなくなったという（『駿河湾の漁』）。そのため、江戸時代の当地域を特色づけていた立網漁も幕を閉じることになった。

明治維新期に、網子たちは、地位向上と待遇改善を求めてたたかい、村ごとに差はあれ、総じて大きな成果を勝ち取った。この動きは、明治維新という政治体制の転換を契機に起こったものだが、漁業のあり方を変えた原動力はあくまで網子たちの運動であった。明治政府がすべてを変えてくれたわけではない。明治政府が改革にブレーキをかけて旧慣尊重の方針を強めるなかでも、網子たちはそれに抗して改革を実現したのである。

明治一九年(一八八六)に、明治政府は漁業組合準則を制定して、全国的に漁民たちに漁業組合を組織させて、組合に漁業権を与えることにした。当地域の村々でも漁業組合がつくられ、漁業権行使の主体となった。ここに、津元主導の漁業から漁業組合主体の漁業へと漁業組織は大きく転換した。

こうした転換の数十年後に、今度はマグロやカツオなど立網漁の漁獲対象である大型回遊魚が当地域にこなくなった。そのため、立網漁という当地域の主要漁法自体が成り立たなくなってしまった。その結果、二〇世紀には、漁師たちは養殖漁業や遠洋漁業へと漁業形態を転換していき、今日に至っている。ただし、現在は、明治期と比べて、漁師の人数も、漁船の数も大きく減ってしまった(『特別展　沼津の漁業』)。

こうしてみると、漁業組織という人と人との社会関係の面でも、漁法という人と魚(自然)との関係の面でも、明治維新から二〇世紀初頭にかけての時期は大きな転換期であった。この両面の転換を経た今日では、当地域の海岸近くに押し寄せるマグロやカツオの大群や、それと格闘する漁師たちの姿を目にすることはもはやない。しかし、江戸時代を中心とした数百年間、当地域の浜辺が立網漁の活気に満ちていたことは、まぎれもない事実である。

そこには漁業をめぐって争いも協力もあり、大漁も不漁もあった。緩やかな変化も、急激な変化もあり、漁師たちの日々続く暮らしもあった。それらのすべてを含めて、江戸時代は、海に生きる百姓たちが生き生きと躍動し、海村の個性的な姿が際立っていた時代だった。今は知る人も少なくなった、そうした時代の息遣いの一端でも伝えることができたなら、本書の目的は達成されたことになる。

おわりに

本書は、海村（漁村）についての、私の初めての単著である。私は、これまで四〇年以上にわたって、村と百姓の研究を続けてきたが、その対象は内陸部に立地する村々であった。今回、初めて海村についてまとまって調べたが、そこで感じたのは、同じ村と百姓であっても、農村と海村ではそのありようが大きく異なるということである。また、一口に海村といっても、村ごとにその個性は実に多様であり、自然環境や社会のあり方に規定された固有性のバリエーションは農村以上だということも痛感した。

私は、村について考える際には、耕地や宅地だけではなく、「山・川・海」に着目することが重要だと考えている。そうした思いのもとに、山については『江戸・明治　百姓たちの山争い裁判』（草思社、二〇一七年）、川については『百姓たちの水資源戦争』（草思社、二〇一四年）を著してきた。そして、今回の本書刊行によって、「山・川・海」についての三部作が完結したことになる。

本書で主要なフィールドにした伊豆国内浦地域は、多くの先学が研究対象にしてきた。そのなかで、民俗学の碩学（せきがく）・桜田勝徳は、内浦を訪れたときの印象を、「内浦湾奥の小さい、いかにも箱庭的な湾入であるにすぎないのには呆然としてしまった」と述べている（『沼津内浦の民俗』）。

私は、十数回、内浦とその周辺を訪れているが、二〇一九年三月に訪れたときには、あらためて同様の感想を抱いた。湾の規模は小さく、集落の裏手にはすぐ山が迫っている。そうした環境のなかで営まれた当地の漁業の特色は、規模の大きさではなく、たぐいまれな好漁場に恵まれて、それを活かした固有の漁法と漁業組織を発達させたところにあることを再認識した。

現在の当地域は、某アニメのファンたちの聖地になっており、アニメのキャラクターをラッピングしたバスやタクシーが走っているなど、江戸時代とは隔世の感がある。しかし、小高い長浜城址に立って内浦湾を見下ろしたり、長浜村の大川家の長屋門を見上げたりするとき、ふと江戸時代の活気に満ちた漁業風景がよみがえる気がした。本書から、そうした江戸時代の漁師たちの息遣いをいくらかでも感じていただければ、著者としてこれ以上の喜びはない。

そして、私は、海村の奥深さにさらに少しでも接近すべく、また漁師たちが遺してくれた古文書との対話を続けていきたい。

なお、本書第二部の、内浦・静浦・西浦についての記述は、全体にわたって、参考文献にあげた中村只吾氏の諸研究と、祝宮静『豆州内浦漁民史料の研究』、和田捷雄『漁村の史的展開』、『沼津市史　通史別編　漁村』（執筆者は山口徹・田上繁・岩田みゆき各氏）に大きく依拠している。本文中には逐一注記しなかったが、大いに参考にさせていただいたことを明記して、謝意を表したい。
本書ができるまでには、編集担当の貞島一秀さんから多くの有益なアドバイスをいただいた。農村とは大きく異なり、かつかなり複雑な海村のあり方について、本書で多少なりともわかりやすく述べられていたとしたら、それはひとえに貞島さんのおかげである。記して厚く御礼申し上げたい。

二〇一九年六月

渡辺尚志

参考文献

荒居英次『近世日本漁村史の研究』（新生社、一九六三年）
池上裕子編『中近世移行期の土豪と村落』（岩田書院、二〇〇五年）
磯田道史監修『江戸の家計簿』（宝島社、二〇一七年）
上杉允彦「近世的村落体制の展開」（北島正元編『幕藩制国家成立過程の研究』吉川弘文館、一九七八年）
上野尚美「戦国期伊豆における土豪層と後北条氏」（『沼津市史研究』六号、一九九六年）
大石慎三郎『近世村落の構造と家制度　増補版』（御茶の水書房、一九六八年）
川島博之『食の歴史と日本人』（東洋経済新報社、二〇一〇年）
小椋純一『森と草原の歴史』（古今書院、二〇一二年）
後藤雅知『近世漁業社会構造の研究』（山川出版社、二〇〇一年）
五味克夫「豆州内浦組江梨村における津元（名主）網子（百姓）の係争と分一村請について」（『常民文化論集』Ⅰ、日本常民文化研究所、一九五五年）
定兼　学『近世の生活文化史』（清文堂出版、一九九九年）
佐野静代『中近世の生業と里湖の環境史』（吉川弘文館、二〇一七年）

鈴木謙克「豆州内浦長浜村における負担・収益分配体系」(『論集きんせい』六号、一九八一年)
高橋美貴『「資源繁殖の時代」と日本の漁業』(山川出版社、二〇〇七年)
同　『近世・近代の水産資源と生業』(吉川弘文館、二〇一三年)
同　「近世における水産資源変動と山林・獣害」(渡辺尚志編『生産・流通・消費の近世史』勉誠出版、二〇一六年)
同　「近世における海洋回遊資源の資源変動と地域の自然資源利用」(『日本史研究』六七二号、二〇一八年)
中村只吾「一八世紀の漁村における内部秩序」(『人民の歴史学』一七三号、二〇〇七年)
同　「一七世紀の漁業地域における秩序と領主の関係性」(『地方史研究』三三三号、二〇〇八年)
同　「一七世紀における漁村の内部秩序」(『歴史評論』七〇三号、二〇〇八年)
同　「近世漁村における網元的存在の性質について」(『沼津市史研究』一八号、二〇〇九年)
同　「日本近世漁村における「生業知」の問題について」(『歴史の理論と教育』一三五・一三六合併号、二〇一一年)
同　「近世後期の漁村における秩序認識」(『東北芸術工科大学東北文化研究センター研究紀要』一〇号、二〇一一年)
同　「明治初頭～一〇年代における漁村の秩序と変容」(『東北芸術工科大学東北文化研究センター研究紀要』一一号、二〇一二年)

同　「明治初頭～一〇年代における漁村の秩序と変容Ⅱ」（『東北芸術工科大学東北文化研究センター研究紀要』一二号、二〇一三年）
同　「近世後期～明治前半期の沿岸村落における生業秩序」（『北陸史学』六一号、二〇一三年）
同　「地域経済との関係からみた近世の漁村秩序」（『関東近世史研究』七六号、二〇一四年）
同　「近世後期～明治初期、津元家の存在実態とその背景に関する再考察」（渡辺尚志編『移行期の東海地域史』勉誠出版、二〇一六年）
同　「漁村秩序の近世的特質と自然資源・環境」（『歴史学研究』九六三号、二〇一七年）
丹羽邦男　『土地問題の起源』（平凡社、一九八九年）
沼津市歴史民俗資料館編　『沼津内浦の民俗』（沼津市教育委員会、一九七六年）
同　『沼津静浦の民俗』（沼津市教育委員会、一九七七年）
同　『特別展　沼津の漁業』（沼津市歴史民俗資料館、一九九五年）
同　『駿河湾の漁』（沼津市歴史民俗資料館、二〇〇三年）
同　『豆州内浦漁民史料と内浦の漁業』（沼津市歴史民俗資料館、二〇〇五年）
同　『漁具の記憶』（沼津市歴史民俗資料館、二〇〇六年）
野沢邦夫　「長浜村網度日繰帳考説」（『渋沢漁業史研究室報告』第一輯、一九四一年）
則竹雄一　「戦国～近世初期海村の構造」（池上裕子編『中近世移行期の土豪と村落』岩田書院、二〇〇五年）
橋村　修　『漁場利用の社会史』（人文書院、二〇〇九年）

長谷川裕子『中近世移行期における村の生存と土豪』（校倉書房、二〇〇九年）
羽原又吉「豆州内浦大網漁網度株制の発展と漁村生活との交渉」（同『日本漁業経済史』中巻二、岩波書店、一九五四年）
平野哲也「関東内陸農山村における魚肥の消費・流通と海村との交易」（前掲『生産・流通・消費の近世史』所収）
福田英一「戦国期駿河湾における漁業生産と漁獲物の上納」（『中央史学』一八号、一九九五年）
同「戦国末期から近世初期の伊豆内浦湾漁村における在地秩序」（峰岸純夫編『日本中世史の再発見』吉川弘文館、二〇〇三年）
祝　宮静『豆州内浦漁民史料の研究』（隣人社、一九六六年）
松井秀次「徳川時代の魚漁分一請負問題」（『静岡大学教育学部浜松分校研究報告』第三集・研究と教授、一九五二年）
同「豆州内浦立網漁業における津元網子関係」（『静岡大学文理学部研究報告』人文科学三号、一九五二年）
真鍋篤行「近世における網漁の展開と生態利用」（前掲『生産・流通・消費の近世史』所収）
水本邦彦『草山の語る近世』（山川出版社、二〇〇三年）
山口和雄「近世豆州内浦大網漁業に於ける網度について」（『渋沢漁業史研究室報告』第一輯、一九四一年）
山口　徹『近世海村の構造』（吉川弘文館、一九九八年）

同　　　　『近世漁民の生業と生活』（吉川弘文館、一九九九年）
同　　　　「豆州内浦重須村の津元経営と村の構造」（『沼津市史研究』一四号、二〇〇五年）
同　　　　「近世沼津における海産物の流通と市場」（『沼津市史研究』一七号、二〇〇八年）
和田捷雄　『漁村の史的展開』（時潮社、一九五六年）
渡辺尚志　「海辺の村の一七世紀」（前掲『移行期の東海地域史』所収）
渋沢敬三編著『豆州内浦漁民史料』全四冊（アチックミューゼアム、一九三七〜一九三九年）
沼津市史編さん委員会・沼津市教育委員会編『沼津市史　史料編　漁村』（沼津市、一九九九年）
同　　　　『沼津市史　通史別編　漁村』（沼津市、二〇〇七年）
同　　　　『沼津市史　通史別編　民俗』（沼津市、二〇〇九年）
沼津市史編集委員会編『沼津市史叢書十　沼津漁村記録』（沼津市教育委員会、二〇〇四年）

著者略歴――――
渡辺尚志　わたなべ・たかし
1957年、東京都生まれ。東京大学大学院博士課程単位取得退学。博士（文学）。国文学研究資料館助手を経て、現在、一橋大学大学院社会学研究科教授。今日の日本の礎を築いた江戸時代の百姓の営みについて、各地の農村に残る古文書をひもときながら研究を重ねている。著書に『百姓たちの幕末維新』『武士に「もの言う」百姓たち―裁判でよむ江戸時代』『幕末・明治 百姓たちの山争い裁判』『百姓たちの水資源戦争―江戸時代の水争いを追う』（いずれも草思社）、『百姓たちの江戸時代』（ちくまプリマー新書）、『東西豪農の明治維新』（塙書房）、『百姓の力』（角川ソフィア文庫）、『百姓の主張』（柏書房）などがある。

海に生きた百姓たち
海村の江戸時代

2019年 7月 25日　第1刷発行

著　者　渡辺尚志
装幀者　鈴木正道（Suzuki Design）
発行者　藤田　博
発行所　株式会社 草思社
〒160-0022　東京都新宿区新宿1-10-1
電話　営業 03(4580)7676　編集 03(4580)7680

組　版　鈴木知哉
印刷所　中央精版印刷株式会社
製本所　加藤製本株式会社

ISBN978-4-7942-2404-0 Printed in Japan　検印省略